普通高等教育能源与动力工程专业系列教材 | 省级一流课程配套教材

能源与动力工程
实验教程

刘 翔 主 编

张 书 徐德良 副主编

中国轻工业出版社

图书在版编目（CIP）数据

能源与动力工程实验教程／刘翔主编. -- 北京 ：
中国轻工业出版社，2025. 3. -- ISBN 978-7-5184-5242-
2

Ⅰ. TK-33

中国国家版本馆CIP数据核字第20241BP159号

责任编辑：陈　萍　　　　责任终审：李建华
文字编辑：张育萱　　　　责任校对：朱　慧　朱燕春　　封面设计：锋尚设计
策划编辑：陈　萍　王　宁　　版式设计：致诚图文　　责任监印：张　可

出版发行：中国轻工业出版社（北京鲁谷东街5号，邮编：100040）
印　　刷：三河市万龙印装有限公司
经　　销：各地新华书店
版　　次：2025年3月第1版第1次印刷
开　　本：787×1092　1/16　印张：8.5
字　　数：160千字
书　　号：ISBN 978-7-5184-5242-2　定价：49.00元
邮购电话：010-85119873
发行电话：010-85119832　010-85119912
网　　址：http://www.chlip.com.cn
Email：club@chlip.com.cn

231920J1X101ZBW

前 言

— preface —

本书是农林类高等院校能源与动力工程专业“能源与动力工程基础实验”和“能源与动力工程专业实验”两门专业课程的配套教材。这两门课程是以实验为主的专业基础课。本书依据能源与动力工程专业实验教学大纲编写，共有八章，主要以工程热力学、传热学、流体力学、热工测量及热工仪表为理论基础，包括实验数据处理、热工仪表实验、工程热力学实验、传热学实验、流体力学实验、供暖通风与空气调节实验、燃料燃烧特性实验、生物质原料热分析实验方面的教学内容。

在开展“能源与动力工程专业实验”课程之前，应当学习并掌握热工测量的基础知识和相关操作技能。热工测量是指对热工过程中各种热工参数（如温度、压力、流量、湿度、成分等）的测量，用来测量热工参数的仪表则称为热工仪表。学习“能源与动力工程基础实验”课程，学生可以了解常用热工仪表的工作原理和使用方法，学会熟练测试工质的压力、温度、流量、湿度等状态参数，正确读取实验数据并加以分析处理。在此基础上进一步学习并掌握常见传导、对流、辐射等传热过程的基本测试方法，掌握测量流体流量、流速和流动损失的各种实验方法。两门专业实验课程中的实验，可以培养学生的实验操作能力和对实验数据处理分析的能力，加深学生对“工程热力学”“传热学”“流体力学”“空气调节”“燃料和燃烧”等多门专业理论课程中基本概念和基本理论的理解，掌握基本的实验技能，为今后从事专业工作、参加科学研究打下基础。

学生需要认真预习实验内容，理解实验原理和方法，学习实验设备和仪器的使用方法，了解实验步骤，掌握实验数据的采集和处理方法。对于综合性实验，应能在教师指导下自行查阅资料，拟定实验方案和步骤。在实验过程中，应细心操作观察，测试、记录有关数据，独立完成实验。实验完成后，应对实验数据进行分析和讨论，并撰写实验报告。最重要的是通过“能源与动力工程专业实验”课程的训练，培养学生分析和解决实际问题的能力，使其掌握专业基础理论在实践过程中的应用，进而全面提高创新能力和综合素质。

本书在编写过程中汲取了哈尔滨工业大学、北京航空航天大学、华北电力大学等院校教师的先进教学经验，同时也总结了笔者在南京林业大学能源与动力工程专业近二十年来的专业实践教学经验。本书可作为高等院校能源与动力工程专业的实验教材，也可作为建筑环境与设备工程、制冷空调等专业的实验教材。本书由南京林业大学材料科学与工程学院刘翔担任主编，南京林业大学材料科学与工程学院张书、徐德良担任副主编。编写人员分工如下：刘翔负责第一、二、三、五章的编写工作；张书负责第七、八章的编写工作；徐德良负责第四、六章的编写工作。此外，本书的编写得到了南京林业大学材料科学与工程学院院长徐朝阳教授的大力支持，特此致谢！同时，还要感谢为本书提供资料和帮助的南京林业大学材料科学与工程学院能源与建筑环境系的各位老师。由于编者水平有限，疏漏之处在所难免，敬请读者批评指正。

刘　翔

2024 年 11 月

目 录

— contents —

第一章 实验数据处理

实验数据的处理是将通过实验方法获取和收集到的数据进行整理、分类、归纳和转换的过程。在科学研究中，实验数据的处理是非常重要的。准确、全面地处理和分析实验数据可以帮助我们得出正确科学的结论，并为进一步研究打下基础。

一、有效数字及其运算规律

（一）有效数字

在测量和实验中，经常会遇到两类数字：一类是无单位的数字，如圆周率 π 等，其有效数字位数可多可少，可根据需要来确定；另一类是表示测量结果的有单位的数字，如温度、压强、流量等。这类数字不仅有单位，且它们的最后一位数字往往根据仪表的精确度而估计，如精确度为 0.1℃的温度计，读得 21.75℃，最后一位数字是估计的，即记录或测量数据时通常在仪表最小刻度后保留一位有效数字。

在科学与工程中，为了能清楚地表示数值的精确度并方便运算，在第一个有效数字后加小数点，而数值的数量级则用 10 的幂表示，这种用 10 的幂来记数的方法称为科学记数法。例如，1852Pa 可记为 1.852×10^3Pa。

（二）有效数字的运算规律

① 在加减运算中，各数所保留的小数点后的位数应与其中小数点位数最少的相同，如 $12.56+0.082+1.832=14.47$。

② 在乘除运算中，各数所保留的位数以有效数字最少的为准，如将 0.0135、17.53、2.45824 三数相乘，应写成 $0.0135\times17.5\times2.46=0.581$。

③ 乘方及开方运算的结果比原数据多保留一位有效数字，如 $12^2=144$，$\sqrt{5.6}=2.37$。

④ 对数运算使对数前后数据的有效数字相等，如 $\lg2.584=0.4123$，$\lg2.5847=0.41241$。

二、实验数据的误差分析

测得的实验值与真值之差称为测定值的误差，测定误差的估算与分析对实验结果的准确性具有重要的意义。

（一）真值与平均值

任何一个被测量的物理量总存在一定的客观真实值，即真值。由于测量仪器、方法等存在误差，真值一般不能直接测得。在实验中无限多次测量时，则根据误差分布定律，即正负误差出现的概率相等，将各个测量值相加并加以平均，在无系统误差的情况下可能获得近似于真值的数值，因此实验科学给真值定义为：无限多次测量的算术平均值称为真值。而实际测量的次数是有限的，故用有限测量次数求出的算术平均值只能是近似真值，其被称为最佳值。在实验测量中，使用高精确度级标准仪器所测得的值代替真值。常用的平均值有下列几种：

① 算术平均值（x_m），计算方法见式（1-1）。

$$x_m = \frac{x_1 + x_2 + \cdots + x_n}{n} = \frac{1}{n}\sum_{i=1}^{n} x_i \tag{1-1}$$

② 几何平均值（x_e），计算方法见式（1-2）。

$$x_e = \sqrt[n]{x_1 x_2 \cdots x_n} \tag{1-2}$$

③ 均方根平均值（x_s），计算方法见式（1-3）。

$$x_s = \sqrt{\frac{x_1^2 x_2^2 \cdots x_n^2}{n}} = \sqrt{\frac{\sum_{i=1}^{n} x_i^2}{n}} \tag{1-3}$$

④ 对数平均值（x_l），计算方法见式（1-4）。

$$x_l = \frac{x_1 - x_2}{\ln \frac{x_1}{x_2}} \tag{1-4}$$

式中 x_1、x_2、…、x_n——各次测量值；

n——测量的次数。

（二）误差的表示方法

1. 绝对误差

某测量值与真值之差称为绝对误差，在实际的测量中常以最佳值代替真值。其计算方法见式（1-5）。

$$\Delta x = x_i - x \approx x_i - x_m \tag{1-5}$$

式中 Δx——绝对误差；

x_i——第 i 次的测量值；

x——真值；

x_m——算术平均值。

2. 相对误差

绝对误差与真值之比称为相对误差（δ），计算方法见式（1-6）。

$$\delta = \frac{\Delta x}{x} \tag{1-6}$$

3. 引用误差

仪表量程内最大示值误差与满量程示值之比称为引用误差，计算方法见式（1-7）。

$$\text{引用误差} = \frac{\text{最大示值误差}}{\text{满量程示值(满刻度值)}} \times 100\% \tag{1-7}$$

仪表的精确度可用引用误差表示，且可按引用误差的大小分成几个等级，去掉引用误差的百分数后剩下的数值就称为仪表的精确度等级。仪表的精确度等级由国家统一规定，如电工仪表的精确度等级分别有 0.1、0.2、0.5、1.0、1.5、2.5 和 5.0 七级。

例如，某压力表注明精确度为 1.5 级，即表明该仪表最大误差为最大量程的 1.5%，若最大量程为 0.4MPa，该压力表最大误差为：

$$0.4\text{MPa} \times 1.5\% = 0.006\text{MPa} = 6 \times 10^3\text{Pa}$$

（三）误差的性质及其分类

1. 系统误差

在一定的条件下，对同一量进行多次测量时，数值始终保持不变或按某一规律变化出现的误差，称为系统误差。使用刻度不准、零点未校准的测量仪器，实验状态、环境的改变（如外界的温度、压力、湿度的变化），实验操作人员的习惯与偏向等因素都会引起系统误差。这类误差在同一物理量的测定中，大小和符号基本不变或呈一定的规律变化，经过精确的校正可以消除。

2. 随机误差（偶然误差）

在相同条件下，测量同一物理量时误差的绝对值时大时小，符号时正时负，没有一定的规律且无法预测，这种误差称为随机误差（偶然误差）。但这种误差完全服从统计规律，对于同一物理量进行多次的测量，随着测量次数的增加，随机误差的算术平均值趋近于零，因此多次测量的算术平均值将接近于真值。

3. 过失误差

由于操作错误或人为失误所产生的误差称为过失误差。这类误差往往与正常值相差很大，在数据整理时应予以剔除。

(四) 实验数据的精确度与精密度

精确度，又称准确度，与误差的概念相辅相成。精确度高，误差就小；精确度低，误差就大。精确度能够反映系统误差和随机误差综合大小的程度，而测量中所得到的数据重复性的大小则称为精密度，其反映了随机误差的大小。如打靶，图 1-1（a）表示弹着点密集而离靶心（真值）甚远，说明精密度高，随机误差小，但系统误差大；图 1-1（b）表示精密度低而精确度较高，即随机误差大，但系统误差较小；图 1-1（c）的系统误差与随机误差均小，精确度高。

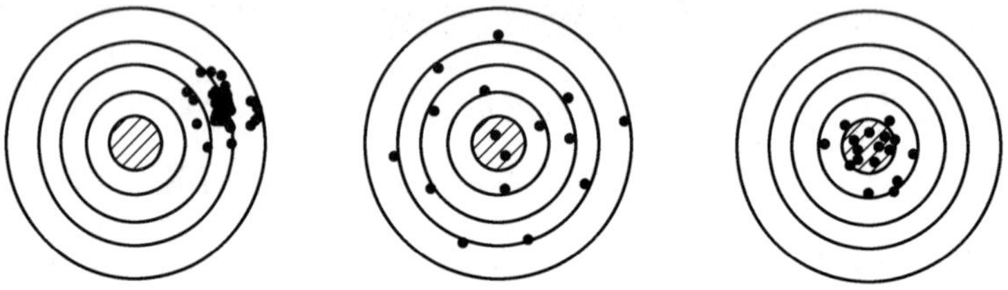

(a) 精密度高　　(b) 精密度低而精确度高　　(c) 精确度高

图 1-1　精确度与精密度示意图

三、实验数据处理方法

实验数据的处理就是将实验测得的一系列数据经过计算整理后用最适宜的方式表示出来，在热工仪表实验中常用列表法、图示法和方程表示法三种形式表示。

(一) 列表法

将实验数据按自变量与因变量的对应关系而列出数据表格的形式即为列表法，其具有制表容易、简单、紧凑、数据便于比较的优点，是标绘曲线和整理成为方程的基础。

实验数据可分为实验数据记录表（原始数据记录表）和实验数据整理表两类。

实验数据记录表是根据实验内容中的待测数据设计的，如流体直管阻力测定实验数据记录表，见表 1-1。

表 1-1　　流体直管阻力测定实验数据记录表

管子材料________管子内径________水的密度________水温________水的黏度________

序号	差压计读数			流量计算仪指示值/(m^3/s)
	左/mm	右/mm	差值/mm	
1				
2				
3				
…				

实验数据整理表是由实验数据经计算整理间接得出的表格，表达主要变量之间的关系和实验的结论，见表 1-2。

表 1-2　　流体直管阻力测定实验数据整理表

序号	流量 $V/(m^3/s)$	流速 $u/(m/s)$	雷诺数 Re	差压计读数 R/mm	阻力损失 $h_f/(J/kg)$	摩擦因数 λ
1						
2						
3						
…						

根据实验内容设计拟定表格时应注意以下几个问题：

① 表格设计要力求简明扼要，一目了然，便于阅读和使用；记录、计算项目满足实验要求。

② 表头应列出变量名称、符号、单位；同时，要层次清楚、顺序合理。

③ 表中数据必须反映仪表的精确度，应注意有效数字的位数。

④ 数字较大或较小时应采用科学记数法，如 $Re=25000$ 可采用科学记数法记作 $Re=2.5\times10^4$，在名称栏中记为 $Re\times10^4$，数据表中可记为 2.5。

⑤ 数据整理时尽可能利用常数归纳法（即转化因子），如计算固定管路中不同流速下的 Re 时，$Re=\frac{du\rho}{u}$，其中 d、ρ、u 为定值。则可归纳为 $Re=Au$，常数 $A=\frac{d\rho}{u}$ 即为转化因子乘以各不同的流速 u，即可得到一系列相应的 Re，可减少重复计算。

⑥ 在数据整理表格下边，要求附以某一组数据进行计算示例，表明各项之间的关系，以便阅读或进行校核。

（二）图示法

上述列表法一般难见数据的规律性，为了便于比较并简明直观地显示结果的规律性或变化趋势，常常需要将实验结果用图形表示出来。

实验中常用的坐标有普通直角坐标、双对数坐标和半对数坐标，应根据变量间的函数关系选择合适的坐标纸。

1. 普通直角坐标

直线关系 $y=a+bx$，选用普通直角坐标纸，如图 1-2 所示。

2. 双对数坐标

双对数坐标纸的横、纵坐标是以对数标度绘制而成的，如图 1-3 所示。对数坐标的特点是：某点与原点的距离为该点表示量的对数值，但是该点标出的量是其本身的数值，如对数坐标上标着 5 的一点至原点的距离是 lg5＝0. 70，如图 1-4 所示。

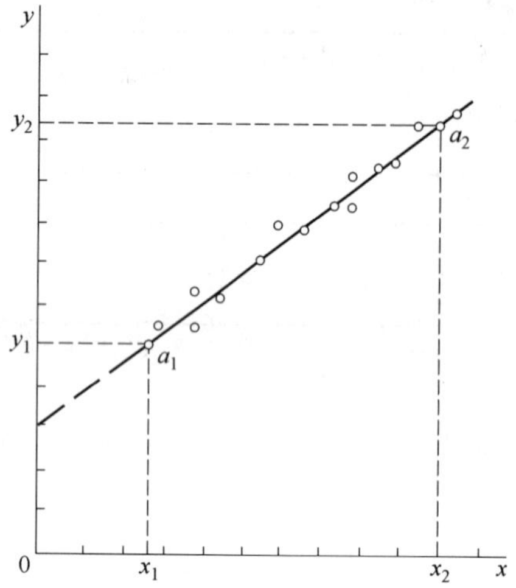

图 1-2　普通直角坐标纸

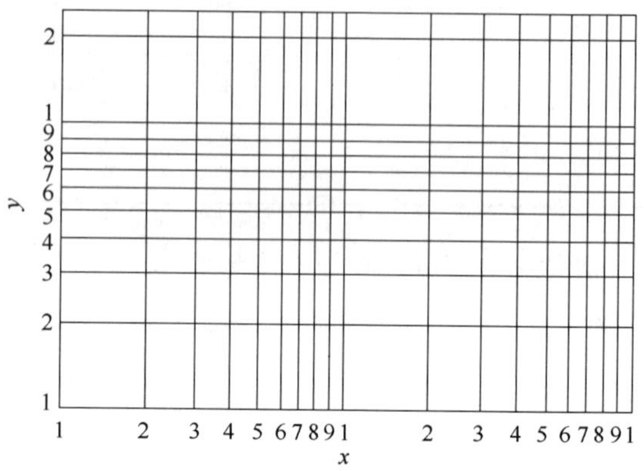

图 1-3　双对数坐标纸

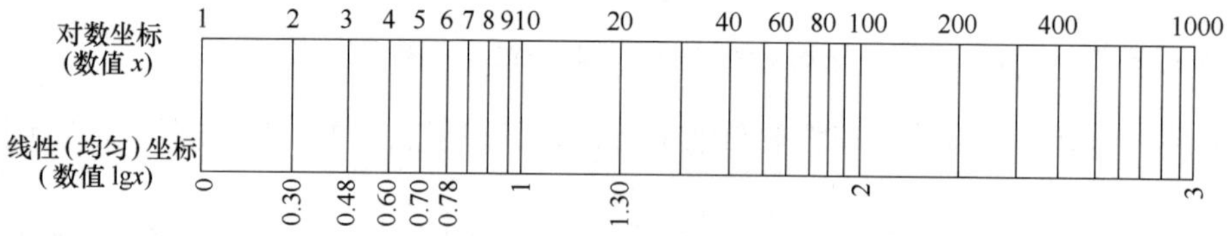

图 1-4　对数坐标的特点

图 1-4 中上面一条线为 x 的对数坐标，而下面一条线为 lg$x$ 的线性（均匀）坐标。对数坐标上 1、10、100、1000 之间的实际距离是相同的，因为上述各数相应的对数值为 0、1、2、3，这在线性（均匀）坐标上的距离相同。

在对数坐标上的距离（用均匀刻度的尺来量）表示为数值之对数差（$\lg x_1 - \lg x_2$），计算方法见式（1-8）。

$$\lg x_1 - \lg x_2 = \lg \frac{x_1}{x_2} = \lg\left(1 - \frac{x_2 - x_1}{x_2}\right) \tag{1-8}$$

因此，在双对数坐标纸上，任何实验点与图纸的直线距离（指均匀刻度的尺）相同，则各点与图线的相对误差相同。

在双对数坐标纸上，一条直线斜率的计算方法见式（1-9）。

$$\tan n = \frac{\lg y_2 - \lg y_1}{\lg x_2 - \lg x_1} \tag{1-9}$$

由于 $\Delta\lg y$ 与 $\Delta\lg x$ 分别为纵坐标与横坐标上的距离 L_x 与 L_y，所以可用尺量出直线上 1、2 两点之间的水平及垂直距离 L_x、L_y，如图 1-5 所示，则斜率（k）的计算方法见式（1-10）。

$$k=\frac{L_y}{L_x} \tag{1-10}$$

双对数坐标纸主要适用于以下两种情况：

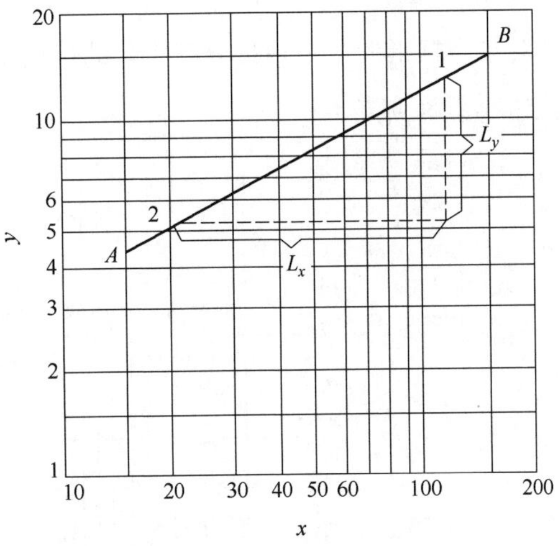

图 1-5　双对数坐标纸上直线斜率和截距的求法

① 适用于幂函数 $y=ax^n$，使非线性关系变换成线性关系。幂函数在普通直角坐标纸上标绘时是一条曲线，采用双对数坐标纸标绘可使之线性化，将上述幂函数等式两边取对数，则 $\lg y=n\lg x+\lg a$，令 $\lg y=Y$，$\lg x=X$，$\lg a=B$，则变换为 $Y=nX+B$，即为线性方程。

② 适用于所研究的函数 y 和自变量 x 在数值上均变化了几个数量级的情况。例如，已知 x 和 y 的数据为：$x=10$、20、40、60、80、100、1000、2000、3000、4000；$y=2$、14、40、60、80、100、177、181、188、200。在普通直角坐标纸上作图几乎不可能描出在 x 的数值等于 10、20、40、60、80 时曲线开始部分的点，如图 1-6 所示，但是采用双对数坐标纸则可以得到比较清楚的曲线，如图 1-7 所示。

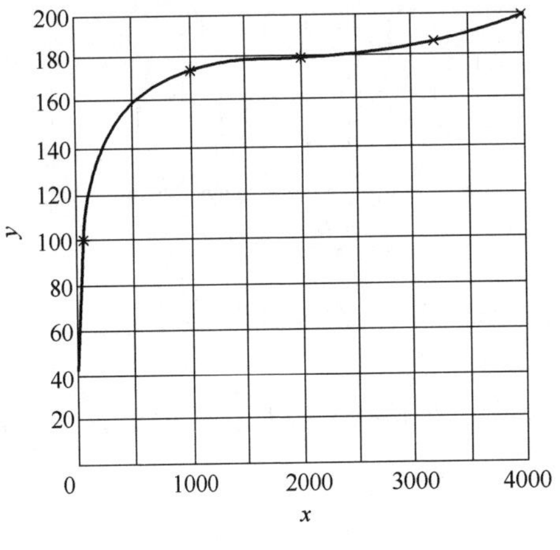

图 1-6　用普通直角坐标纸作图

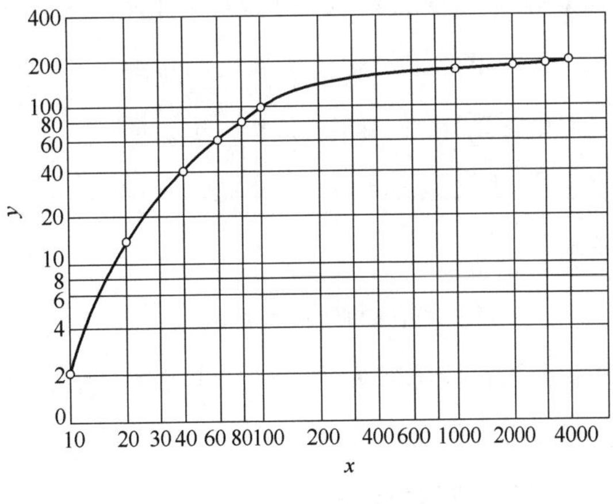

图 1-7　用双对数坐标纸作图

3. 半对数坐标

半对数坐标纸的一个轴是分度均匀的普通坐标轴，另一个轴是分度不均匀的对数坐标轴，如图 1-8 所示。

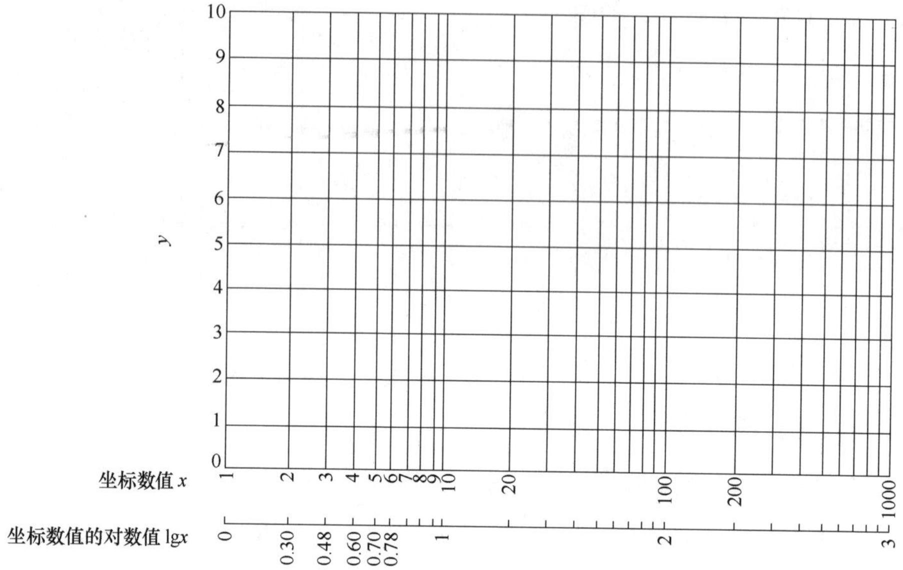

图 1-8　半对数坐标纸

下列情况下可考虑用半对数坐标纸：

① 变量之一在所研究的范围内发生几个数量级的变化。

② 在自变量由零开始逐渐增大的初始阶段，当自变量的少许变化引起因变量极大变化时，此时采用半对数坐标纸，曲线最大变化范围可伸长，使图形轮廓清楚。例如，用普通直角坐标纸作图，如图 1-9 所示，而改用半对数坐标纸后，如图 1-10 所示。

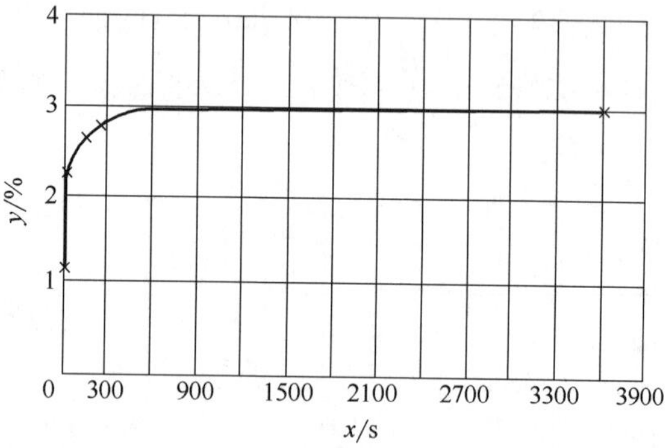

图 1-9　用普通直角坐标纸作图

③ 适用于指数函数 $y=ae^{bx}$，使其变换成直线函数关系。将上式等号两边取自然对数，则 $\ln y=\ln a+bx$，所以 $\ln y$ 与 x 呈直线关系。

（三）方程表示法

在热工仪表实验数据处理中，除了用表格和图形描述变量的关系外，常常需要将实

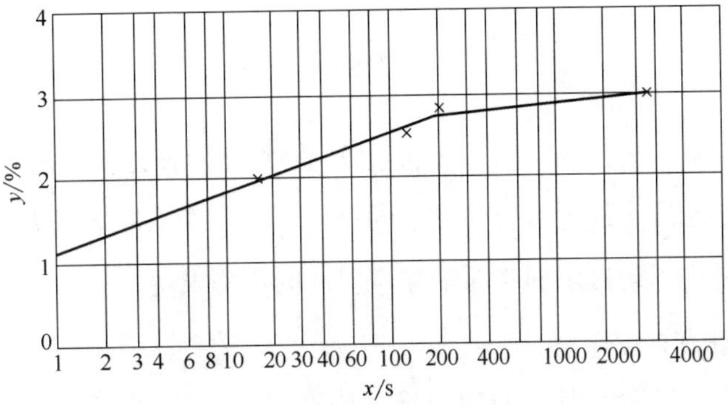

图 1-10　用半对数坐标纸作图

验数据或计算结果用数学方程或经验公式的形式表示出来。

在能源工程中，经验公式通常都表示成无因次的数群或准数关系式，确定公式中的常数和待定系数是实验数据方程表示法的关键。

经验公式或准数关系式中常数和待定系数的求法很多，下面介绍最常用的图解法、选点法、平均值法和最小二乘法。

1. 图解法

图解法仅限于具有线性关系的函数或通过转换可变成线性关系的非线性关系函数的常数求解。首先选定坐标系，将实验数据在图上标绘成直线，求解直线斜率和截距，从而确定线性方程的各常数。

（1）一元线性方程的图解

设一组实验数据变量间存在线性关系 $y=a+bx$。通过图解法确定方程中的斜率 b 和截距 a，如图 1-11 所示。

在图中选取适宜距离的两点 a_1（x_1，y_1）、a_2（x_2，y_2），直线斜率的计算方法见式（1-11）。

$$b=\frac{y_2-y_1}{x_2-x_1} \tag{1-11}$$

直线的截距，若 x 坐标轴的原点为 0，可以在 y 轴上直接读取值（因为 $x=0$，$y=a$）。或可用外推法，使直线延长交于纵轴于一点 c，c 则为直线的截距。

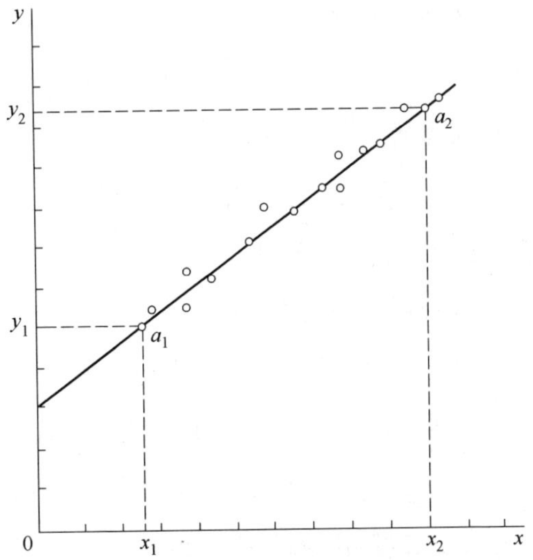

图 1-11　一元线性方程的图解

否则，计算方法见式（1-12）。

$$a=\frac{y_1x_2-y_2x_1}{x_2-x_1} \tag{1-12}$$

以上式中 a_1（x_1，y_1）、a_2（x_2，y_2）是从直线上选取的任意两点值。为了获得最大精确度，尽可能选取直线上具有整数值的点，a_1、a_2 两点距离以大为宜。

在对数坐标上用图解法求斜率时请注意斜率的正确求法。

（2）二元线性方程的图解

若实验研究中，所研究对象的物理量（因变量）与两个变量呈线性关系，可采用二元线性方程 $y=a+bx_1+cx_2$ 表示。可用图解法确定式中常数 a、b、c。

首先，令其中一变量恒定不变，如将二元线性方程右边前两项之和视为常数 d，则可改写成 $y=d+cx_2$。由 y 与 x_2 的数据可在直角坐标中标绘出一直线，如图 1-12（a）所示。采用上述图解法可确定常数 c。

在图 1-12（a）中直线上任取两点 e_1（x_{21}，y_1）、e_2（x_{22}，y_2），根据式（1-11）可得 $c=\frac{y_2-y_1}{x_{22}-x_{21}}$。当求得 c 后，将其代入二元线性方程中并将原式重新改写成 $y-cx_2=a+bx_1$，令 $y'=y-cx_2$，可得新的线性方程 $y'=a+bx_1$。

由实验数据 y、x_2 和 c 计算得 y'，根据 y' 与 x_1 在图 1-12（b）中标绘其直线，并在该直线上任取 f_1（x_{11}，y_1'）、f_2（x_{12}，y_2'）两点。由 f_1、f_2 两点即可确定 a、b 两个常数，即 $b=\frac{y_2'-y_1'}{x_{12}-x_{11}}$，$a=\frac{y_1'x_{12}-y_2'x_{11}}{x_{12}-x_{11}}$。

在确定常数 a、b 时，其自变量 x_1、x_2 应同时改变，才使其结果覆盖整个实验范围。

2. 选点法

选点法也称联立方程法，此法适用于实验数据精确度很高的条件下，否则所得函数将毫无意义。具体步骤是：

① 选择适宜的经验方程 $y=f(x)$。

② 建立待定常数方程组。若选定的经验方程为 $y=a+bx$，则从实验数据中选出两个实验点数据（x_1，y_1）、（x_2，y_2）代入上式。

③ 联立求解以上方程，即可解得常数 a、b。

选点法也可与图解法结合起来。先将实验数据标绘在坐标纸上，在实验数据点之间用一直尺画出一条能代表所有数据的直线，该直线两侧的实验点均匀分布，在直线两端

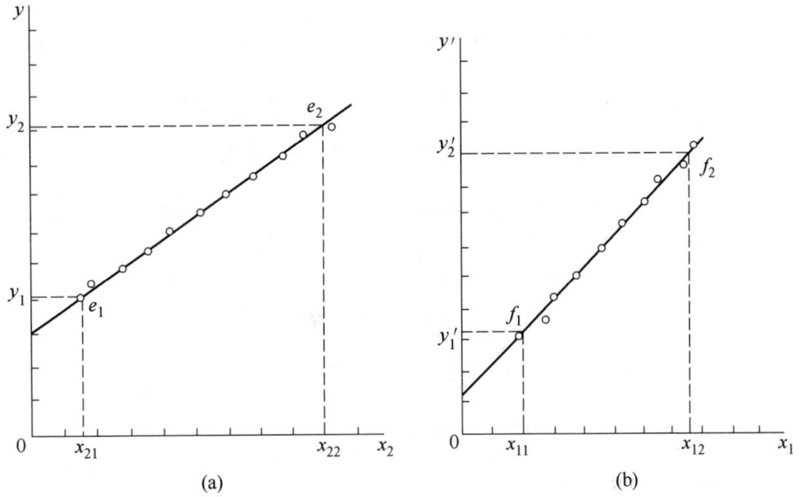

图 1-12　二元线性方程的图解

选取两点，将其代入经验公式，解联立方程即可求出常数。

3. 平均值法

当函数是线性的，或者可线性化，则该函数适合 $y=a+bx$。列出条件方程 $y_i=a+bx_i$，使条件方程的数目 n 等于已知的实验个数，然后按照偶数相等，或奇数近似相等的原则，将条件方程相加，得到式（1-13）和式（1-14）。

$$\sum_{1}^{m} y_i = ma + b\sum_{1}^{m} x_i \tag{1-13}$$

$$\sum_{m+1}^{n} y_i = (n-m)a + b\sum_{m+1}^{n} x_i \tag{1-14}$$

解之，即可求得常数 a 和 b 的值。

例：由传热实验得到 Re 与 $Nu/Pr^{0.4}$ 的一组数据，见表 1-3。其经验方程为 $Nu/Pr^{0.4}=aRe^n$，试用平均值法确定其中的常数 a、n。

表 1-3　传热实验数据记录表

Re	4.25×10^4	3.72×10^4	3.45×10^4	3.18×10^4	2.56×10^4	2.14×10^4
$Nu/Pr^{0.4}$	86.7	82.1	78.0	70.0	61.2	53.9

解：对经验方程取对数后使其线性化，得 $\lg(Nu/Pr^{0.4})=\lg a+n\lg Re$

对表 1-3 中的数据取对数，得到的结果见表 1-4。

表 1-4　传热实验数据转换表

$\lg Re$	4.6284	4.5705	4.5378	4.5024	4.4082	4.3324
$\lg(Nu/Pr^{0.4})$	1.9380	1.9143	1.8921	1.8451	1.7868	1.7316

将上述数据分成相等两组，相加可得：

$$1.9380=a+4.6284b \qquad 1.8451=a+4.5024b$$

$$1.9143=a+4.5705b \qquad 1.7868=a+4.4082b$$

$$1.8921=a+4.5378b \qquad 1.7316=a+4.3324b$$

$$5.7444=3a+13.7367b \qquad 5.3635=3a+13.2430b$$

解此方程组：

$$\begin{cases}5.7444=3a+13.7367b\\5.3635=3a+13.2430b\end{cases}$$

得 $b=0.77$，$a=-1.61$，$Nu/Pr^{0.4}=-1.61Re^{0.77}$

4. 最小二乘法

运用图解法时，在坐标纸上标点会有误差，且根据点的分布确定直线位置具有人为性。因此，用图解法确定直线斜率和截距常常不够精确。较精确的方法是最小二乘法。其原理是：最佳直线能使各数据点同回归线方程求出值的偏差的平方和为最小，也就是落在该直线上的数据点相对于所有可能的数据点，其概率最大，下面具体推导其数学表达式。

（1）一元线性回归

已知 n 个实验数据点（x_1，y_1）、（x_2，y_2）、…、（x_n，y_n）。

设最佳线性函数关系为 $y=b_0+b_1x$，则 n 组 x 值可计算出各组对应的 y' 值，具体如下：

$$y_1'=b_0+b_1x_1$$

$$y_2'=b_0+b_1x_2$$

$$\cdots$$

$$y_n'=b_0+b_1x_n$$

而实测时，每个 x 值所对应的值为 y_1、y_2、…、y_n，所以每组实验值与对应计算值 y'的偏差 δ 应为：

$$\delta_1=y_1-y_1'=y_1-(b_0+b_1x_1)$$

$$\delta_2=y_2-y_2'=y_2-(b_0+b_1x_2)$$

$$\cdots$$

$$\delta_n=y_n-y_n'=y_n-(b_0+b_1x_n)$$

按照最小二乘法的原理，测量值与真值之间的偏差平方和为最小。

$\sum_{i=1}^{n}\delta_i^2$ 最小的必要条件为：

$$\begin{cases}\dfrac{\partial(\sum\delta_i^2)}{\partial b_0}=0\\ \dfrac{\partial(\sum\delta_i^2)}{\partial b_1}=0\end{cases}$$

写成和式：

$$\begin{cases}\sum y-nb_0-b_0\sum x=0\\ \sum xy-b_0\sum x-b_1\sum x^2=0\end{cases}$$

联立解得：

$$\begin{cases}b_0=\dfrac{\sum x_iy_i\cdot\sum x_i-\sum y_i\cdot\sum x_i^2}{(\sum x_i)^2-n\sum x_i^2}\\ b_1=\dfrac{\sum x_i\cdot\sum y_i-n\sum x_i\cdot y_i}{(x_i^2)-n\sum x_i^2}\end{cases}\tag{1-15}$$

由式（1-15）求得的截距为 b_0、斜率为 b_1 的直线方程，即关联各实验点的最佳直线。

（2）线性关系的显著检验——相关系数

在我们解决如何回归直线以后，还存在检验回归直线有无意义的问题，我们引进相关系数 r 这个统计计量，用来判断两个变量之间的线性相关程度，计算方法见式（1-16）。

$$r=\frac{\sum_{i=1}^{n}(x_i-\bar{x})\cdot(y_i-\bar{y})}{\sqrt{\sum_{i=1}^{n}(x_i-\bar{x})^2\cdot\sum_{i=1}^{n}(y_i-\bar{y})^2}}\tag{1-16}$$

其中，$\bar{x}=\dfrac{1}{n}\sum_{i=1}^{n}x_i$，$\bar{y}=\dfrac{1}{n}\sum_{i=1}^{n}y_i$。

在概率中可以证明，任意两个随机变量的相关系数的绝对值不大于 1，即 $|r|\leqslant1$ 或 $0\leqslant|r|\leqslant1$。

r 的物理意义在于表示两个随机变量 x 和 y 的线性相关的程度，现分几种情况加以说明：

① 当 $r=\pm1$ 时，即 n 组实验值（x_i，y_i）全部落在直线 $y'=b_0+b_1x$ 上，此时称为完全相关。

② 当 $|r|$ 越接近 1 时，即 n 组实验值（x_i，y_i）越靠近直线 $y'=b_0+b_1x$，变量 y 与 x

之间的关系越近于线性关系。

③ 当 $r=0$ 时，变量之间完全没有线性关系。但是应该指出，当 r 很小时，表现的不是线性关系不等于就不存在其他关系。

第二章 热工仪表实验

本章主要介绍温度、压力等常用热工测试仪表的校验方法和常用温度测量传感器的制作方法。通过本章实验，学生可熟悉并掌握常用热工仪表的结构和工作原理，提升热工仪表实验的实践操作能力，了解热工仪表实验数据的基本处理方法，学会独立撰写热工仪表实验报告，为后续的实验、实训打下良好的基础。

实验一 弹簧管压力表的校验

一、实验目的

① 熟悉弹簧管压力表的结构和工作原理。

② 掌握校验弹簧管压力表的方法。

③ 了解并确定仪表精确度的级别。

二、实验设备

① 压力表校验器一台或活塞式压力计一台。

② 标准弹簧管压力表一只。

③ 普通弹簧管压力表一只。

三、实验内容

以标准弹簧管压力表作为标准压力表，以精确度为1.5（2.5）级的普通弹簧管压力表作为被校压力表，用比较法鉴定被校压力表相对误差、变差和零位偏差，检查指针偏转的平稳性（指针转动中不得停滞或跳动，且轻敲表壳位移不超过允许绝对误差的一半）。标尺内校验点不少于5个。

四、实验步骤

① 将压力表校验器平放在工作台上，按图2-1安装连接。

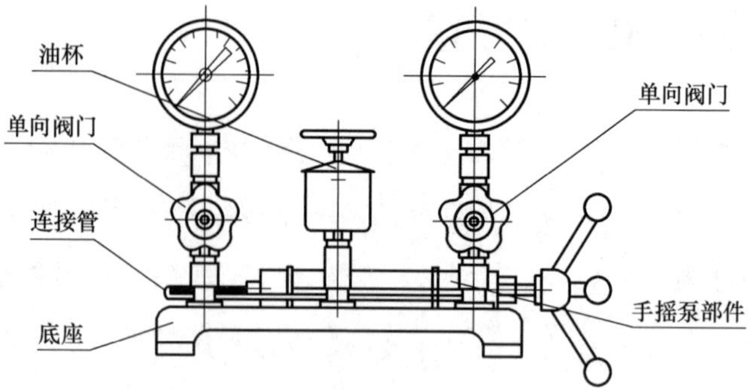

图 2-1　压力表校验器示意图

② 将工作液注入压力表校验器。

③ 打开针阀，摇动手轮，将手摇泵活塞推到底部。旋开油杯阀，揭开油杯盖，将工作液注满油杯。

④ 关闭针阀，反向旋转手轮到初始位置，将工作液吸入手摇泵（应使油杯内有适量工作液），装上油杯盖和油杯阀。

⑤ 排除传压系统内的空气，关闭油杯阀，打开针阀，轻摇手轮，直至看到两压力接头处有工作液即将溢出时，关闭针阀，打开油杯阀，反向旋转手轮，给手摇泵补足工作液，再关闭油杯阀。

⑥ 将标准压力表和被校压力表装上后，打开单向阀门，用手摇泵加压即可进行比较校验。校验时，先检查压力偏差，如合格，即可校验各点（表测量范围的 35%、50%、75%三处）。先做线性刻度校验，再做刻度上限耐压检定，持续 3min。在每个校验点，应分别在轻敲表壳前后进行两次读数，然后记录被校压力表轻敲前示值、轻敲后示值和轻敲位移量。以同样的方式进行反行程校验和记录。

⑦ 调整。零位调整、量程调整和线性调整是仪器校验的重要步骤，现介绍如下：

a. 零位调整。被校压力表未输入被测压力时，指针应对准表盘零位刻度线，否则可用特制的取针器将指针取下对准零位，重新固定。对有零位指针挡的被校压力表，一般应升压到第一个数字的刻度线改装指针，以实现调零。

b. 量程调整。零位调整后，若上限值超差则应进行量程调整。方法是调整扇形齿轮与拉杆的连接位置，从而调准量程。通常要结合零位调整反复数次才能达到要求。

c. 线性调整。当校验中发现各校验点的误差相差过大时，应进行线性调整。方法是松开固定机芯的螺丝，适当转动机芯，以改变扇形齿轮与拉杆的夹角，顺时针转动，夹角变小，逆时针转动则相反。经验证明，扇形齿轮与拉杆夹角为 90°时，线性最好。

五、实验数据处理和计算

1. 实验数据记录

完成实验后，填写被校压力表实验数据记录表，见表2-1。

表2-1　　被校压力表实验数据记录表　　单位：MPa

<table>
<tr><td colspan="3">标准压力表示值</td><td></td><td></td><td></td><td></td><td></td></tr>
<tr><td rowspan="6">被校压力
表示值</td><td rowspan="3">正行程</td><td>轻敲前示值</td><td></td><td></td><td></td><td></td><td></td></tr>
<tr><td>轻敲后示值</td><td></td><td></td><td></td><td></td><td></td></tr>
<tr><td>轻敲位移量</td><td></td><td></td><td></td><td></td><td></td></tr>
<tr><td rowspan="3">反行程</td><td>轻敲前示值</td><td></td><td></td><td></td><td></td><td></td></tr>
<tr><td>轻敲后示值</td><td></td><td></td><td></td><td></td><td></td></tr>
<tr><td>轻敲位移量</td><td></td><td></td><td></td><td></td><td></td></tr>
</table>

2. 误差运算

计算被校压力表的相对误差、变差和零位偏差，画出校正曲线，判断被校压力表是否合格。

六、思考题

① 为什么要排出压力表校验器内的空气？

② 为什么要求轻敲表壳时被校压力表示值的变动不应超过允许绝对误差的一半？

③ 被校压力表的量程不合适时应如何调整？

实验二　热电偶焊接

一、实验目的

通过实验掌握铜-康铜热电偶、镍铬-康铜热电偶的焊接方法。

二、实验设备和材料

① 焊接设备。热电偶点焊机。

② 热电偶材料。ϕ0.2、ϕ0.5 热电偶用铜线、康铜线、镍铬丝线。

③ 其他工具。墨镜、钳子、剪刀、细砂纸、米尺等。

三、实验原理

热电偶是工业上最常用的一种测温元件，由两种不同的导体丝 A 和 B 焊接组成一个闭合回路，如图 2–2 所示。

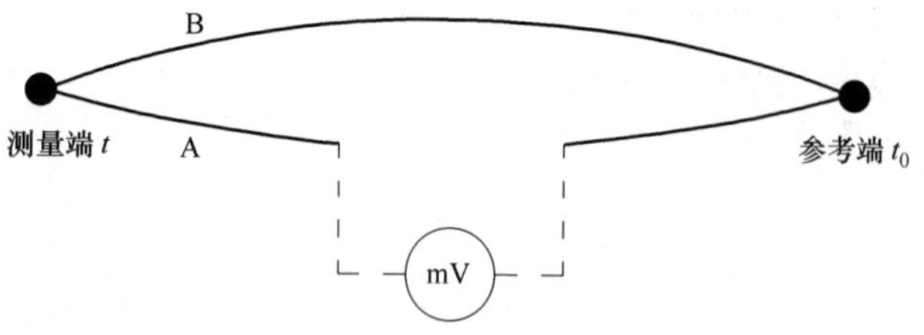

图 2–2 热电偶原理图

导体丝 A 和 B 又称为热偶丝或热电极。当两接点处于不同温度时，回路中就会产生热电势，放置在被测温度为 t 的介质中的接头为测量端（工作端）；另一接头 t_0 为参考端（自由端）。常用贱金属热电偶材料及测温范围见表 2–2。

表 2–2 常用贱金属热电偶材料及测温范围

贱金属热电偶材料	测温范围
铜–康铜（T 型）	常用于–200～+200℃测温
镍铬–康铜（E 型）	常用于–200～+600℃测温
镍铬–镍硅或镍铝（K 型）	常用于 0～+1100℃测温

使用时应根据测温范围和工作条件选择热电偶材料和直径。热电偶长度应根据测量端在介质中的插入深度来决定，通常为 350～2000mm。

四、实验方法

热电偶测量端的焊接方法有很多，如电弧焊、水银焊、盐水焊和锡焊等方法。但无论采用何种方法，焊接前都要仔细去掉热偶丝靠近待焊端的绝缘层，然后将这两根被焊的热偶丝绞成麻花状，如图 2–3 所示，或使两顶端并齐。

图 2–3 热偶丝处理

下面介绍实验室常用的两种焊接方法。

1. 电弧焊

电弧焊是一种利用高温电弧将热电偶测量端熔化成球状的焊接方法，分为交流电弧焊和直流电弧焊两种。交流电弧焊装置示意图如图 2–4 所示，这种装置一般用来焊接贱金属热电偶。

操作方法：调节变压器，使输出电压为 24～30V 的交流电源作为焊接电源。然后用

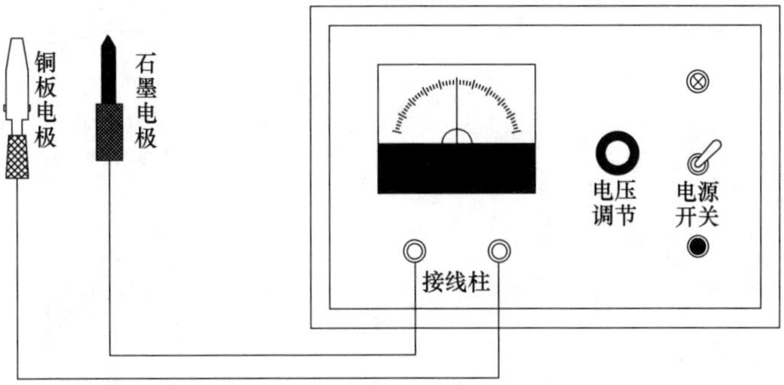

图 2-4　交流电弧焊装置示意图

金属夹子（铜板电极）夹住待焊端作为一个电极，用炭棒（石墨电极）作为另一个电极，当炭棒与被焊热偶丝顶端接近时，产生的瞬间电弧将两根热偶丝顶部熔接在一起，并形成一个小圆球。

合格的热电偶标准：焊接牢固，具有金属光泽，结点表面圆滑，无沾污变质和裂纹，结点直径约为热偶丝直径的两倍，电极不允许有折损、扭曲现象。

2. 软焊

在常温使用条件下，也可以用电烙铁将锡熔化，并应用松香等中性助焊剂焊成热电偶的结点。为了减少导热误差及动态响应，结点应尽量小些。

实验三　热电偶校验

一、实验目的

① 掌握热电偶常用的校验方法（比较法）。

② 通过实验作出一定温度范围内被校热电偶的热电势与温度的对应关系曲线，将数据记入表中，确定一定温度范围内由于热电性质的非标准可能产生的误差。

二、实验装置和设备

本实验采用热电偶校验装置（图 2-5），并配以数显电位差计、被校热电偶、标准热电偶、冰瓶等。

该装置主要由管式电炉、信号输入巡检仪和数显温度指示调节仪组成。将被校热电偶和标准热电偶的测量端套上石英套管并绑扎在一起，插入管式电炉内炉膛的中心位

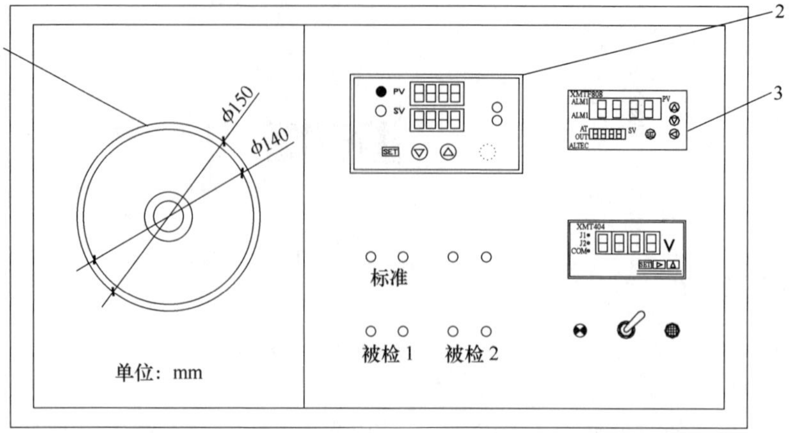

1—管式电炉；2—信号输入巡检仪；3—数显温度指示调节仪。

图 2-5　热电偶校验装置示意图

置，被校热电偶的参考端置于冰瓶内。使用数显温度指示调节仪来控制炉内温度，信号输入巡检仪可直接显示炉内实际温度。

三、实验原理

新焊接的热电偶在投入使用之前均应进行标定或校验，即通过实验确定其热电特性（分度），得出其热电势与温度的对应关系曲线或表格。长期使用或放置的热电偶，其电极材料会发生氧化、腐蚀或在高温下再结晶，从而影响热电偶特性，产生较大的测量误差。同时，为保证温度测量的准确性，也需要对热电偶进行定期校验（一般每使用半年应校验一次），以确定其误差大小。当其误差超过一定范围时，就要更换热电偶或把原来的热电偶重新焊接并经校验后再使用。

通常采用比较法校验热电偶，即用被校热电偶和标准热电偶同时测量同一温度，以标准热电偶的温度示值为温度真值，得出被校热电偶的热电势与温度的对应关系曲线，并与同类型的标准化热电偶的热电势进行比较，得出被校热电偶的测量误差。

用比较法校验热电偶的基本要求是：

① 必须使标准热电偶与被校热电偶同时感受到相同的温度。

② 在每一温度点的测量期间，温度应力求不变，即被测对象应具有均匀稳定的温度场。目前常用的能形成均匀温度场的装置主要有恒温液体槽和管式电炉。

由于被校热电偶的参考端温度不是0℃，所以需要进行补偿修正。本实验可采用冰点槽恒温法来处理，即将被校热电偶的参考端放入冰瓶内，使其参考端温度恒定为0℃。

四、实验步骤

① 将标准热电偶和被校热电偶套上石英套管并绑扎在一起，插入管式电炉内炉膛的中心位置。

② 将被校热电偶的参考端接在数显电位差计上，标准热电偶的参考端接到校验装置控制面板上相应的接线端上，红色为“+”极，黑色为“-”极。

③ 接通电源，使用数显温度指示调节仪上的“△”或“▽”按键来设置第一个测量温度。

④ 当炉内温度升到设定温度点并达到稳定后，即可开始读数。

⑤ 在读数过程中，热电偶的温度可能还有少许变动，因此在一个温度点上的读数不能只进行一次，通常在某一温度下对热电势的读数应不少于四次。先读标准热电偶的温度，再读被校热电偶的热电势，每次读数应尽量按相等的时间间隔来进行。在整个读数过程中，热电偶工作的正常温度变化应不超过5℃。如果发现温度变化超过5℃，则应继续测试，直到五个连续的标准读数不超过5℃为止，并记录测量结果。

⑥ 取得一个温度点的读数后，应将温度升高到第二点（本实验测温范围从室温到600℃，共分为五点）。

⑦ 实验完成后，清点整理实验装置，经指导教师同意后，结束实验。

五、实验数据处理和计算

1. 实验数据记录

实验结束后必须对实验数据进行分析，舍去由于错误测试而得出的结果，然后对每一点的读数取算术平均值，并填入被校热电偶实验数据记录表中，见表2-3。

表2-3 被校热电偶实验数据记录表

序号	温度/℃	热电势/mV				平均热电势 E/mV
		E_1	E_2	E_3	E_4	
1						
2						
3						
4						
5						

2. 误差运算

查出与被校热电偶同类型的标准化热电偶在各个测量温度点的热电势，见附表1和附表 2。求出被校热电偶的误差，填入被校热电偶实验误差分析表中，见表 2-4。

表 2-4　　被校热电偶实验误差分析表

序号	温度/℃	被校热电偶热电势/mV	同类型的标准化热电偶热电势/mV	热电势误差/mV
1				
2				
3				
4				
5				

六、思考题

① 被校热电偶是否符合同类型的标准化热电偶的要求？

② 实验过程中，如果不使用冰瓶应如何处理数据？

③ 分析实验误差产生的原因。

附表 1　　铜-康铜热电偶（T 型）温度-毫伏对应表

温度/℃	热电势/mV									
	0	1	2	3	4	5	6	7	8	9
0	—	—	—	—	—	—	—	—	—	—
10	0.400	0.445	0.490	0.540	0.575	0.630	0.675	0.720	0.762	0.806
20	0.850	0.896	0.942	0.988	1.034	1.080	1.128	1.176	1.244	0.272
30	1.320	1.366	1.412	1.458	1.504	1.550	1.594	1.638	1.682	1.726
40	1.770	1.816	1.862	1.908	1.954	2.000	2.046	2.092	2.138	2.184
50	2.230	2.278	2.326	2.374	2.422	2.470	2.516	2.562	2.608	2.654
60	2.700	2.746	2.792	2.838	2.884	2.930	2.976	3.022	3.068	3.114
70	3.160	3.204	3.248	3.292	3.336	3.380	3.434	3.488	3.542	3.596
80	3.650	3.700	3.750	3.800	3.850	3.900	3.950	4.000	4.050	4.100
90	4.150	4.200	4.250	4.300	4.350	4.400	4.456	4.512	4.568	4.624
100	4.680	—	—	—	—	—	—	—	—	—

附表 2　　镍铬-康铜热电偶（E 型）温度-微伏对应表

温度/℃	热电势/μV									
	0	1	2	3	4	5	6	7	8	9
0	0	59	118	176	235	194	354	413	472	532
10	591	651	711	770	830	890	950	1010	1071	1131
20	1192	1252	1313	1373	1434	1495	1556	1617	1678	1740
30	1801	1862	1924	1986	2047	2109	2171	2233	2295	2357
40	2420	2482	2545	2607	2670	2733	2795	2858	2921	2984
50	3048	3111	3174	3238	3301	3365	3429	3492	3556	3620

续表

温度/℃	热电势/μV									
	0	1	2	3	4	5	6	7	8	9
60	3658	3749	3813	3877	3942	4006	4071	4136	4200	4265
70	4330	4395	4460	4526	4591	4656	4722	4788	4853	4919
80	4985	5051	5117	5183	5249	5315	5382	5448	5514	5581
90	5648	5714	5781	5848	5915	5982	6049	6117	6184	6251
100	6319	6386	6454	6522	6590	6658	6725	6794	6862	6930
110	6998	7066	7135	7203	7272	7341	7409	7478	7547	7616
120	7658	7754	7823	7892	7962	8031	8101	8170	8240	8309
130	8379	8449	8519	8589	8659	8729	8799	8869	8940	9010
140	9081	9151	9222	9292	9363	9434	9505	9576	9647	9718
150	9789	9860	9931	10003	10074	10145	10217	10288	10360	10432
160	10503	10575	10647	10719	10791	10863	10935	11007	11080	11152
170	11224	11297	11365	11412	11514	11587	11660	11733	11805	11878
180	11951	12024	12097	12170	12243	12317	12390	12463	12537	12610
190	12684	12757	12831	12904	12978	13052	13126	13199	13273	13347
200	13421	13495	13569	13644	13718	13792	13866	13941	14015	14090
210	14164	14239	14313	14388	14463	14537	14612	14687	14762	14837
220	14912	14987	15062	15137	15212	15287	15362	15438	15513	15588
230	15664	15739	15815	15890	15966	16041	16117	16193	16269	16344
240	16420	16496	16572	16648	16724	16800	16876	16952	17028	17104

第三章 工程热力学实验

工程热力学是从工程的角度，研究物质的热力学性质、能量转换以及热能的直接利用等问题。其是设计、计算和分析各种动力装置、制冷机、热泵空调机组、锅炉和各种热交换器的理论基础。工程热力学实验包括测定工质的热力学性质和研究具体热力工程等内容。通过学习本章实验内容，可以培养观察能力和利用所学热工知识综合分析、解决问题的能力。

实验一 饱和蒸汽压力、温度关系实验

一、实验目的

① 通过观察饱和蒸汽压力和温度变化的关系，加深对饱和状态的理解，从而树立一个基本概念：液体温度达到对应于液面压力的饱和温度时，沸腾便会发生。

② 通过对实验数据的整理，掌握饱和蒸汽压力-温度关系图表的编制方法。

③ 学会使用温度计、压力表和大气压力计等仪表。

④ 观察小容积和金属表面很光滑（即汽化核心很小）的饱和态沸腾现象。

二、实验装置

饱和蒸汽压力、温度关系实验装置示意图如图 3-1 所示。

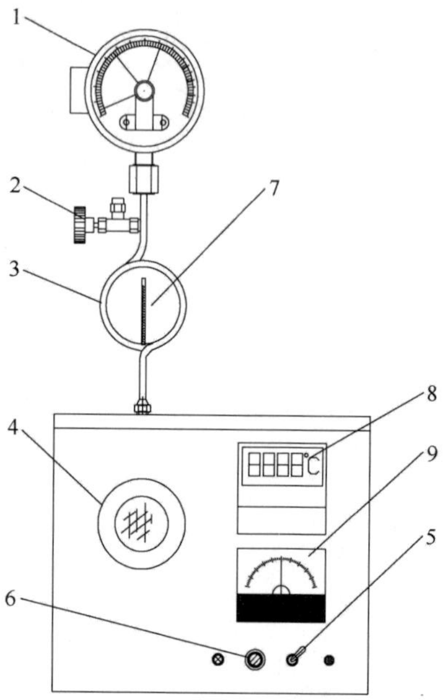

1—压力表（-0.01~0.15MPa）；2—排气阀门；3—缓冲器；4—可视玻璃及蒸汽发生器；5—电源开关；6—电功率调节器；7—温度计（0~300℃）；8—可控数显温度仪；9—电压表。

图 3-1 饱和蒸汽压力、温度关系实验装置示意图

三、实验步骤

① 熟悉实验装置及使用仪表的工作

原理和性能。

② 将电功率调节器指针调至电压表零位，然后接通电源。

③ 将电压调至 200~220V，待蒸汽压力升至一定值时，将电压降至 20~50V 保温，待工况稳定后迅速记录水蒸气的压力和温度。重复上述实验，在 0~1MPa 范围内实验不少于 6 次，且实验点应尽量分布均匀。

④ 实验完毕后，将电压调至 0V，并断开电源。

⑤ 记录室温和大气压力。

四、实验数据处理和计算

完成实验后，填写饱和蒸汽压力、温度关系实验结果记录表，见表 3-1。

表 3-1　饱和蒸汽压力、温度关系实验结果记录表

实验次数	饱和蒸汽压力/MPa			温度/℃		误差		备注
	压力表读值 p_1	大气压力 p_0	绝对压力 $p=p_1+p_0$	温度计读值 t'	理论值 t	$\Delta t=t-t'$/℃	$\frac{\Delta t}{t}\times 100$/%	
1								
2								
3								
4								
5								
6								

五、注意事项

① 实验装置通电后必须有专人看管。

② 实验装置使用压力（表压）为 1MPa，切不可超压操作。

实验二　气体比定压热容测定实验

气体比定压热容的测定是工程热力学的基本实验之一。实验中涉及温度、压力、热量（电功）、流量等基本量的测量。计算中需要用到比定压热容及混合气体方面的知识。

一、实验目的

① 了解气体比定压热容测定装置的基本原理和结构。

② 熟悉本实验中测温、测压、测热、测流量的方法。

③ 掌握通过基本数据计算比定压热容和推导比定压热容公式的方法。

④ 分析本实验产生误差的原因和减小误差的可能途径。

二、实验装置

气体比定压热容测定装置由风机、湿式气体流量计、比定压热容仪主体、电功率调节和测量系统等四部分组成，如图 3-2 所示。

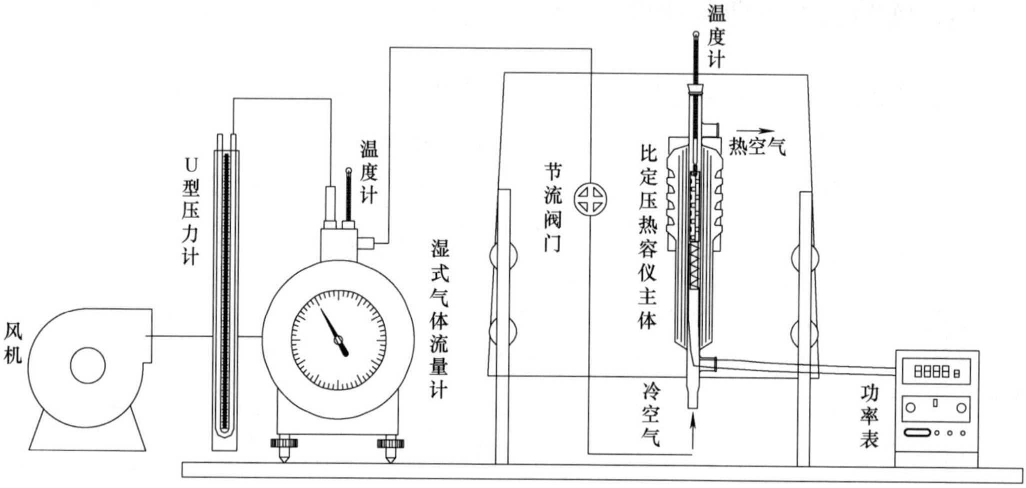

图 3-2　气体比定压热容测定装置示意图

三、实验原理

实验时，被测空气（也可以是其他气体）由风机经湿式气体流量计送入比定压热容仪主体，经加热、均流、旋流、混流后流出。在此过程中，分别测定空气在湿式气体流量计出口处的干、湿球温度 t_0 和 t_w（由于是湿式气体流量计，实际为饱和状态），气体经比定压热容仪主体的进、出口温度 t_1 和 t_2，气体体积 V，比定压热容仪主体的电加热功率 W，实验时相应的大气压 p_0，流量计出口处的表压 Δh。有了这些数据，并查用相应的物理参数，即可计算出被测气体的比定压热容 c_p。

四、实验步骤

① 接通电源及测量仪表，选择所需的温度计，插入混流网的凹槽中。

② 摘下湿式气体流量计上的温度计，开动风机，调节节流阀门，使流量保持在额

定值附近。测出湿式气体流量计出口空气处的干球温度 t_0。

③ 将温度计插回湿式气体流量计上，调节流量，使其保持在额定值附近。逐渐提高比定压热容仪主体的电加热功率，使其出口温度升高至预计温度。

④ 待出口温度稳定后（出口温度在 10min 之内无变化或有微小起伏，即可视为稳定），读出下列数据：每 10L 空气通过湿式气体流量计所需的时间 τ，气体经比定压热容仪主体的进、出口温度 t_1 和 t_2，当时相应的大气压力 p_0，流量计出口处的表压 Δh，比定压热容仪主体的电加热功率 W。

⑤ 根据湿式气体流量计出口处空气的干球温度和湿球温度（使用湿式气体流量计时，实际干球温度和湿球温度相同，为该温度下的饱和温度），从湿空气的干湿图或饱和空气状态参数表上查出含湿量 d（g/kg 干空气），并计算出水蒸气的容积比例（r_w），计算方法见式（3-1）。

$$r_w=\frac{d/622}{1+d/622} \tag{3-1}$$

⑥ 根据比定压热容仪主体的电加热功率，可算出比定压热容仪主体单位时间放出的热量（Q），计算方法见式（3-2）。

$$Q=W \tag{3-2}$$

⑦ 干空气质量流量，计算方法见式（3-3）。

$$G_g=\frac{p_g V}{R_g T_0}=\frac{(1-r_w)(p_0+\Delta h/13.6)\times 10^4/73556\tau}{29.27(t_0+273.15)}=\frac{4.6447\times 10^{-3}(1-r_w)(p_0+\Delta h/13.6)}{\tau(t_0+273.15)} \tag{3-3}$$

式中　G_g——干空气质量流量，kg/s；

p_g——干空气压力，Pa；

R_g——气体常数，R_g=8.314J/(mol·K)；

T_0——环境温度，K。

⑧ 水蒸气质量流量，计算方法见式（3-4）。

$$G_w=\frac{p_w V}{R_g T_0}=\frac{r_w(p_0+\Delta h/13.6)\times 10^4/73556\tau}{47.06(t_0+273.15)}=\frac{2.8889\times 10^{-3} r_w(p_0+\Delta h/13.6)}{\tau(t_0+273.15)} \tag{3-4}$$

式中　G_w——水蒸气质量流量，kg/s；

p_w——水蒸气压力，Pa。

⑨ 水蒸气吸收的热量（Q_w），计算方法见式（3-5）。

$$Q_w = G_w\int_{t_1}^{t_2}(0.1101 + 0.0001167t)\mathrm{d}t = G_w[0.1101(t_2 - t_1) + 0.00005835(t_2^2 - t_1^2)] \tag{3-5}$$

⑩ 干空气比定压热容，计算方法见式(3-6)。

$$c_p\Big|_{t_1}^{t_2}=\frac{Q_g}{G_g(t_2-t_1)}=\frac{Q-Q_w}{G_g(t_2-t_1)} \tag{3-6}$$

式中　c_p——干空气比定压热容，kJ/（kg·K）；

Q_g——干空气吸收的热量，kJ。

五、实验数据处理和计算

完成实验后，填写气体比定压热容测定实验结果记录表，见表 3-2。

表 3-2　　气体比定压热容测定实验结果记录表

序号	空气温度/℃	比定压热容仪主体的电加热功率/W	气体经比定压热容仪主体的出口温度/℃	干空气质量流量/(kg/s)	干空气比定压热容/[kJ/(kg·K)]
1					
2					
3					
4					

六、注意事项

① 切勿在无气流通过的情况下使比定压热容仪主体投入工作，以免局部过热而损坏。

② 输入比定压热容仪主体的电压不得超过 220V，气体出口最高温度不得超过 300℃。

③ 加热和冷却要缓慢进行，防止温度计和比定压热容仪主体因温度骤增、骤降而破裂。

④ 停止实验时，应切断比定压热容仪主体，让风机继续运行 15min 左右（温度较低时可适当缩短运行时间）。

第四章 传热学实验

传热学是研究热量传递基本规律的科学。通过传热学实验，学生可以正确认识热量传递的一般规律，巩固并加深对课堂所学理论和基本概念的理解，掌握传热过程中各物理量的测试方法，熟悉一般传热过程测试的仪器结构、工作原理和使用调节方法，学会设计导热、对流换热、热辐射等常见传热过程的传热性能测试实验方案。

实验一　准稳态法测绝热材料的导热性能实验

一、实验目的

① 测量绝热材料（不良导体）的导热系数和比热容，掌握其测试原理和方法。

② 掌握使用热电偶测量温差的方法。

二、实验装置

准稳态法测绝热材料的导热性能实验装置示意图如图 4-1 所示。秒表、卡尺和天平自备。实验装置的基本组成介绍如下：

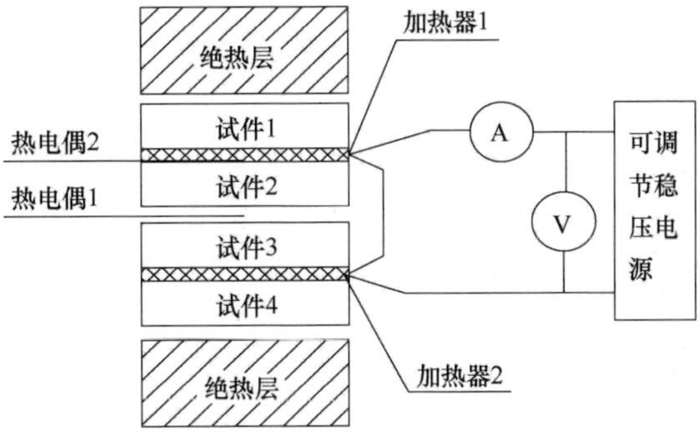

图 4-1　准稳态法测绝热材料的导热性能实验装置示意图

① 试件。试件尺寸为 $0.1\text{m}\times0.1\text{m}\times\delta$，共四块，尺寸完全相同，$\delta=0.010\sim0.016\text{m}$。每块试件上下面要平齐，表面要平整。

② 加热器。采用高电阻康铜箔平面加热器，康铜箔厚度仅为 20μm，加上保护箔的绝缘薄膜，总共只有 70μm。其电阻值稳定，在 0～100℃几乎不变。加热器的面积和试件的端面面积相同，是 0.1m×0.1m 的正方形。两个加热器的电阻值应尽量相同，相差应在 0.1%以内。

③ 绝热层。用导热系数比试件小的材料作为绝热层，力求减少热量通过，使试件 1、4 与绝热层的接触面接近绝热。这样，可假定热流密度等于加热器发出热量的 0.5 倍。

④ 热电偶。利用热电偶测量试件 2 两面的温差及试件 2、3 接触面中心处的温升速率。热电偶由 0.1mm 的康铜丝制成。

实验时，将四个试件整齐叠放在一起，分别在试件 1、2 及试件 3、4 之间放入加热器 1、2，试件和加热器要对齐。热电偶测温头要放在试件的中心部位。放好绝热层后，适当加以压力，以保持各试件之间接触良好。计算机采集测试系统示意图如图 4-2 所示。

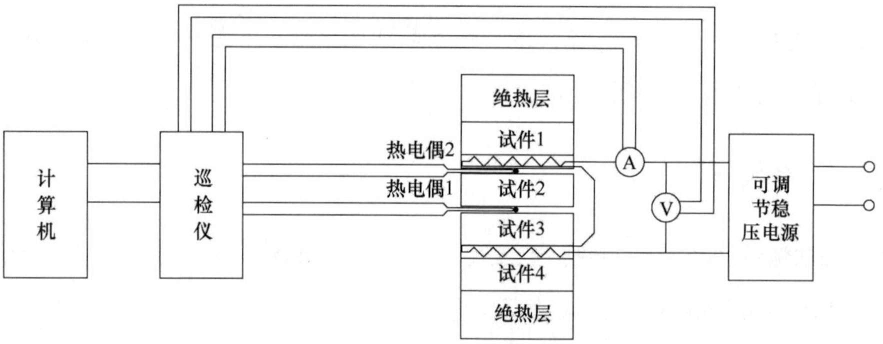

图 4-2 计算机采集测试系统示意图

三、实验原理

本实验是根据第二类边界条件（即物体边界上的热流密度不变），无限大平板的导热问题来设计的。设平板厚度为 2δ，初始温度为 t_0，平板两面受恒定的热流密度 q_c 均匀加热，如图 4-3 所示。根据导热微分方程式、初始条件和第二类边界条件，求任一瞬

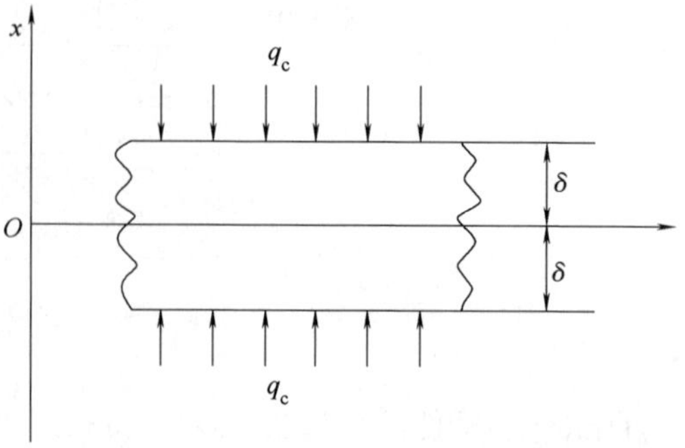

图 4-3 第二类边界条件下无限大平板导热模型

间沿平板厚度方向的温度分布 t (x, τ)。

联立下列方程组：

$$\begin{cases}\dfrac{\partial t(x,\tau)}{\partial \tau}=a\dfrac{\partial^2 t(x,\tau)}{\partial x^2}\\ t(x,0)=t_0\\ \dfrac{\partial t(\delta,\tau)}{\partial x}+\dfrac{q_c}{\lambda}=0\\ \dfrac{\partial t(0,\tau)}{\partial x}=0\end{cases}$$

方程的解见式（4-1）。

$$t(x,\tau)-t_0=\frac{q_c}{\lambda}\left[\frac{\alpha\tau}{\delta}-\frac{\delta^2-3x^2}{6\delta}+\delta\sum_{n=1}^{\infty}(-1)^{n+1}\frac{2}{\mu_n^{\ 2}}\cos\left(\mu_n\frac{x}{\delta}\right)\exp(-\mu_n^2 Fo)\right] \tag{4-1}$$

式中 τ——时间，s；

λ——平板的导热系数，W/(m · ℃)；

α——平板的导温系数，m^2/s；

δ——试件厚度，m；

μ_n——$n\pi$，$n=1$、2、3…；

Fo——傅立叶数；

t_0——初始温度，℃；

q_c——沿 x 方向从端面向平板加热的恒定热流密度（简称热流密度），W/m^2。

随着时间 τ 的延长，Fo 变大，式（4-1）中级数和项越小。当 $Fo>0.5$ 时，级数和项变得很小，可以忽略，计算方法见式（4-2）。

$$t(x,\tau)-t_0=\frac{q_c\delta}{\lambda}\left(\frac{\alpha\tau}{\delta^2}+\frac{x^2}{2\delta^2}-\frac{1}{6}\right) \tag{4-2}$$

由此可见，当 $Fo>0.5$ 后，平板各处的温度和时间呈线性关系，温度随时间变化的速率是常数，并且每一处的速率均相同，这种状态称为准稳态。

在准稳态时，平板中心面 $x=0$ 处的温度（冷面温度）计算方法见式（4-3）。

$$t(0,\tau)-t_0=\frac{q_c\delta}{\lambda}\left(\frac{\alpha\tau}{\delta^2}-\frac{1}{6}\right) \tag{4-3}$$

平板加热面 $x=\delta$ 处的温度（热面温度）计算方法见式（4-4）。

$$t(\delta,\tau)-t_0=\frac{q_c\delta}{\lambda}\left(\frac{\alpha\tau}{\delta^2}+\frac{1}{3}\right) \tag{4-4}$$

此时两面温差（Δt），计算方法见式（4-5）。

$$\Delta t = t(\delta,\tau) - t(0,\tau) = \frac{1}{2} \cdot \frac{q_c \delta}{\lambda} \tag{4-5}$$

已知 q_c、δ 和 Δt，导热系数（λ）的计算方法见式（4-6）。

$$\lambda = \frac{q_c \delta}{2\Delta t} \tag{4-6}$$

实际上，无限大平板是无法实现的，实验总是用有限尺寸的试件。一般可认为，试件的横向尺寸为厚度的 6 倍以上时，两侧散热试件中心的温度影响可以忽略不计，试件两面中心处的温度差等于无限大平板两面的温度差。

根据势平衡原理，在准态时的计算方法见式（4-7）。

$$q_c A = cA\rho\delta \frac{dt}{d\tau} \tag{4-7}$$

式中 A——试件的横截面积，m^2；

c——试件的比热容，J/(kg · ℃)；

ρ——试件的密度，kg/m^3；

$\frac{dt}{d\tau}$——准稳态时的温升速率，℃/s。

则比热容的计算方法见式（4-8）。

$$c = \frac{q_c}{\rho\delta \frac{dt}{d\tau}} \tag{4-8}$$

实验时，$\frac{dt}{d\tau}$以试件中心处为准。

四、实验步骤

① 用卡尺测量试件的横截面积 A 和厚度 δ；用天平测量试件质量。

② 放好试件、加热器和热电偶，接好电源。手动测量时，接好热电偶与电位差计及转换开关的导线。

③ 接通测试装置的开关，调节加热器的电压、电流至设定值（试验过程中，电流不允许变化；此值事先经实验确定）。

④ 打开计算机测试软件，进入“实验过程”界面，在参数设定区设置实验参数。分别输入试件厚度、面积、密度等已知数据。Fo 则设定为 0.5，采集时间间隔设定为 2min。设定完毕开始采集数据。

⑤ 经过一段时间后（时间长短与所测材料有关，一般为 10~20min），系统进入准稳态，此时软件显示的 Fo 应大于 0.5，可根据软件采集界面的显示结果记录实验数据。然后，关闭测试系统开关，终止实验，取下试件及加热器，使加热器在室温下冷却，待其和室温平衡后继续下一次实验。

⑥ 实验全部结束后，必须切断电源，一切恢复原状。

五、实验数据处理和计算

1. 初始实验参数记录

初始温度 t_0：________℃　　加热器电流 I：________ A

加热器电压 U：________ V　　试件的横截面积 A：________ m^2

试件厚度 δ：________ m　　试件的密度 ρ：________ kg/m^3

2. 实验数据记录

根据初始实验参数和实验数据，即可算出试件的导热系数和比热容，软件自动给出了计算结果，完成导热性能测定实验结果记录表，见表 4-1。具体计算步骤为：先求出热流密度$q_c=\frac{IU}{A}$，根据准稳态时的温差 Δt（热面温度与冷面温度之差）和准稳态时的温升速率$\frac{dt}{d\tau}$，即可计算出导热系数 $\lambda=\frac{q_c\delta}{2\Delta t}$和比热容 $c=\frac{q_c}{\rho\delta\frac{dt}{d\tau}}$。

表 4-1　导热性能测定实验结果记录表

序号	加热器电流/A	热面温度/℃	冷面温度/℃	热流密度/(W/m^2)	导热系数/[W/(m·℃)]	比热容/[J/(kg·℃)]
1						
2						
3						

实验二　气-气热管换热器实验

一、实验目的

① 掌握气-气热管换热器的换热量和传热系数的测试和计算方法。

② 了解气-气热管换热器换热量与风温、风速及倾斜角度等关系。

③ 熟悉气-气热管换热器实验台的工作原理和使用方法。

二、实验装置

1. 实验台的结构

气-气热管换热器实验台主要由翅片式（铝轧片管）热管换热器、电加热器组、冷端风机、热端风机、风量调节阀、测速笛形管、万能信号输入巡检仪、测温系统和工作旋转台等组成，其实验台的结构示意图如图 4-4 所示。

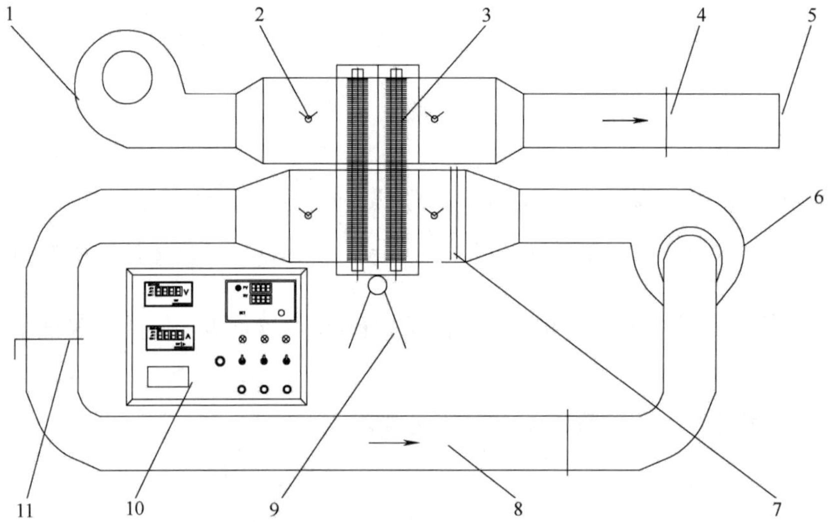

1—冷端风机；2—测温点；3—热管组；4—测速笛形管；5—风量调节阀；6—热端风机；7—电加热器组；8—热风循环管道；9—工作旋转台；10—仪表盘；11—热风调节阀。

图 4-4　气-气热管换热器实验台的结构示意图

2. 实验台的主要参数

① 冷、热端测速段笛形管截面积 A_L、A_R（$D=0.16$m）。$A_L=A_R=\frac{\pi D^2}{4}\text{m}^2$。

② 冷、热端热管结构参数。如图 4-5 所示。

③ 冷、热端的总传热表面积。$A_{Lc}=A_{Rc}=3.18\text{m}^2$（根据热管和翅片面积计算），$A_{Lg}=A_{Rg}=0.281\text{m}^2$（根据热管面积计算）。

④ 安装形式。14 根 3 列竖向、叉排。

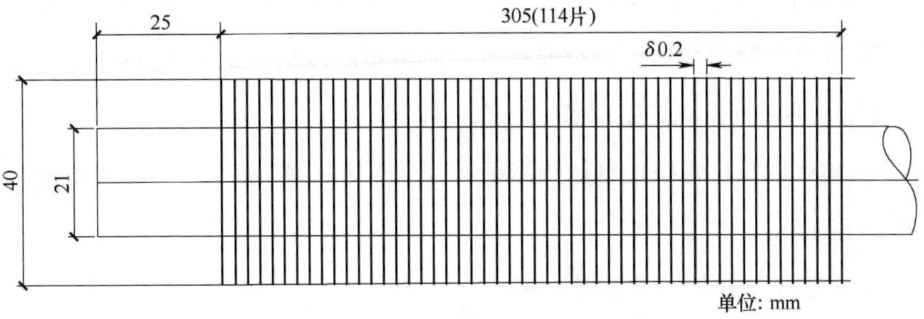

图 4-5　冷、热端热管结构参数

三、实验原理

经热端风机压出的空气被电加热器组加热后流经气-气热管换热器下半部，加热并启动热管，热管内部工质（丙酮）受热沸腾，其蒸气将热量带出气-气热管换热器上半部，并通过翅片加热冷端空气，蒸气冷凝后沿管壁流向热管下半部。冷、热端空气流量通过测速笛形管用微压计测量，空气温度利用万能信号输入巡检仪测量。

四、实验步骤

① 转动卡轴，将控制箱抬至水平位置。

② 将电源插头插在插座上，打开总电源开关。此时，温度仪表显示。

③ 开启热端风机开关，调节热端循环风量（利用风机出口处的风量调节阀，改变其面积进行调节）。

④ 全开三组电加热器（电加热器组开关受热端风机开关控制，只有当热端风机开启后才能接通电加热器组开关）。

⑤ 观察热风温度，待该温度达到（或接近）实验值时，开启冷端风机开关，并利用其进风口处的旋转调风阀改变其开口大小来调节冷端风量。

⑥ 调节热风温度，使其趋近或达到稳定。热端进风温度用电加热器组开关的开启数量（即接通电加热器的数量）和电加热器组的调压旋钮进行调节。

注意：气-气热管换热器的工作温度（热风进口温度）为 60～100℃，切勿超温使用，以防破坏热管。电加热器组分三级（2kW、1kW、0～1kW）进行控制，其中一组可利用调压旋钮进行无级调节。

⑦ 第一个实验工况点稳定后即可测试。人工采集则记录冷、热端微压计指示值及

各测点空气温度值，每隔 2~3min 进行一次记录，以此作为该点工况的测试数据。

⑧ 依次调整可调参数（可将可调参数在调节范围内均匀地分成 3~5 个工况点进行测定），重复上述步骤，测定工况点的数据。

⑨ 实验结束后，首先停止电加热器组工作，3min 后停止冷、热端风机工作，切断电源，放回控制箱。

实验台可进行以下三种状态的实验：

① 气-气热管换热器垂直放置，固定冷、热端空气流量，改变热端空气进口温度（温度调节范围为 60~100℃）。

② 气-气热管换热器垂直放置，固定热端空气进口温度，同步改变冷、热端空气流量（也可单独改变冷端或热端空气流量）。

③ 固定热端空气温度及冷、热端空气流量，改变气-气热管换热器的倾斜角度。

气-气热管换热器的倾斜角度可调，可向前方旋转 0°~90°，除 0°和 90°可直接卡在限位挡板上外，其余角度均可利用其顶部的铁链挂在前部限位挡板上进行调节。

五、实验数据处理和计算

1. 实验数据计算

① 冷端流速，计算方法见式（4-9）。

$$v_L=\sqrt{\xi_L\frac{2(p_L-p_{Lj})}{\rho_L}}=\alpha_L\sqrt{\frac{2\Delta p_L}{\rho_L}} \tag{4-9}$$

式中 v_L——冷端流速，m^3/s；

p_L——冷端测速段全压，Pa；

p_{Lj}——冷端测速段静压，Pa；

Δp_L——冷端测速笛形管压差，Pa；

ξ_L——冷端测速段笛形管压差修正系数，$\xi_L=1.025$；

α_L——冷端测速段笛形管流量修正系数；

ρ_L——冷端测速段空气密度，kg/m^3。

② 冷端流量（V_L），计算方法见式（4-10）。

$$V_L=A_Lv_L \tag{4-10}$$

③ 热端流速，计算方法见式（4-11）。

$$v_R=\sqrt{\xi_R\frac{2(p_R-p_{Rj})}{\rho_R}}=\alpha_R\sqrt{\frac{2\Delta p_R}{\rho_R}} \tag{4-11}$$

式中　v_R——热端流速，m^3/s；

p_R——热端测速段全压，Pa；

p_{Rj}——热端测速段静压，Pa；

Δp_R——热端测速笛形管压差，Pa；

ξ_R——热端测速段笛形管压差修正系数，$\xi_R=1.036$；

α_R——热端测速段笛形管流量修正系数；

ρ_R——热端测速段空气密度，kg/m^3。

④ 热端流量（V_R），计算方法见式（4-12）。

$$V_R=A_R v_R \tag{4-12}$$

⑤ 冷端换热量，计算方法见式（4-13）。

$$Q_L=1005V_L\rho_L(T_{L2}-T_{L1}) \tag{4-13}$$

式中　Q_L——冷端换热量，W；

T_{L1}——冷端空气进口温度，K；

T_{L2}——冷端空气出口温度，K。

⑥ 热端换热量，计算方法见式（4-14）。

$$Q_R=1005V_R\rho_R(T_{R2}-T_{R1}) \tag{4-14}$$

式中　Q_R——热端换热量，W；

T_{R1}——热端空气进口温度，K；

T_{R2}——热端空气出口温度，K。

⑦ 平均换热量（$\overline{Q}$），计算方法见式（4-15）。

$$\overline{Q}=\frac{Q_L+Q_R}{2} \tag{4-15}$$

⑧ 热平衡误差（Δ），计算方法见式（4-16）。

$$\Delta=\frac{Q_R-Q_L}{\overline{Q}}\times100\% \tag{4-16}$$

⑨ 传热系数，计算方法见式（4-17）。

$$K_c=\frac{\overline{Q}}{A_{Rc}\Delta t}\quad 或\quad K_g=\frac{\overline{Q}}{A_{Rg}\Delta t} \tag{4-17}$$

式中　K_c、K_g——传热系数，W/（m^2·℃）；

Δt——传热温差，℃。

2. 实验数据记录

完成实验后，填写气-气热管换热器实验结果记录表，见表 4-2。

表 4-2　　气-气热管换热器实验结果记录表

序号	冷端流量 $V_L/(m^3/s)$	热端流量 $V_R/(m^3/s)$	冷端换热量 Q_L/W	热端换热量 Q_R/W	热平衡误差 $\Delta/\%$	传热系数/ $[W/(m^2 \cdot ℃)]$
1						
2						
3						
4						

六、思考题

① 分析热平衡误差产生的原因。

② 讨论气-气热管换热器换热量（或传热系数）与可调参数的关系。

实验三　强迫对流翅片管束管外放热实验

一、实验目的

① 了解传热学实验的基本方法和特点。

② 掌握翅片管束管外放热实验的研究方法。

③ 巩固和运用传热学的基本概念和基本知识。

④ 培养学生独立进行科研实验的能力。

二、实验装置

实验的翅片管束安装在一台低速风洞中，如图 4-6 所示。实验装置由有机玻璃风洞、翅片管束、风机支架、测试仪表等组成。

有机玻璃风洞由带整流隔栅的入口段、整流丝网、平稳段、前测量段、工作段、后测量段、收缩段、测速段、扩压段等组成。工作段和前、后测量段的内部横截面积为 300mm×300mm。工作段的翅片管束及固定管板可自由更换。

翅片管束由单纯翅片管和带翅片的实验热管（两者简称翅片管）组成，采用顺排排列，其几何参数见表 4-3。

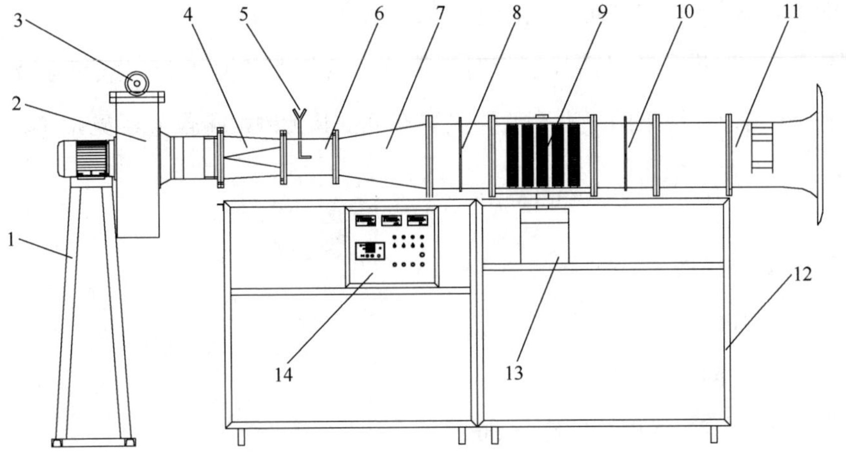

1—风机支架；2—风机；3—风量调节手轮；4—过渡管；5—测压管；6—测速段；7—过渡管；8—测压管；9—翅片管束；10—测压管；11—吸入管；12—支架；13—加热元件；14—控制盘。

图 4-6 实验风洞系统示意图

表 4-3 翅片管束的几何参数

翅片管内径 D_i/mm	翅片管外径 D_o/mm	翅片高度 H/mm	翅片厚度 δ/mm	翅片间距 B/mm	翅片管的横向管间距 P_t/mm	翅片管的纵向管间距 P_l/mm	流动方向的管排数 N
20	26	13	1	4	75	83	7

4 根带翅片的实验热管组成一个横排，可以放在任何一排进行实验。一般放在第 3 排，因为实验数据表明，自第 3 排以后，各排的放热系数基本保持不变。所以，这样测求的放热系数代表第 3 排及以后各排管的平均放热系数。

带翅片的实验热管的加热段由专门的电加热器加热，电加热器的电功率由电流、电压表测量。每一根热管的内部插入一支铜-康铜热电偶，用以测量热管内冷凝段的蒸汽温度 T_{vo}，电加热器的箱体上，也安装一支热电偶，用以确定箱体的散热损失。热电偶的电动势由巡检仪测量。

空气流的进出口位置安装一支热电偶，热电偶的电动势由巡检仪测量。空气流经翅片管束的压力降由倾斜式压力计测量，翅片管束前后的静压侧孔都是 4 个，均布在前后测量段的壁面上。空气的速度和流量由安装在收缩段上的毕托管和微压差传感器测量，由巡检仪采集数据。

三、实验原理

翅片管是换热器中常用的一种传热元件，由于扩展了管外传热面积，故可使光管的传热热阻大大下降，特别适用于气体侧换热的场合。

空气（气体）横向流过翅片管束时，管外的放热系数除了与空气流速及物理特性有关以外，还与翅片管束的一系列几何因素有关，其无因次函数关系见式（4-18）。

$$Nu=f\left(Re,Pr,\frac{H}{D_o},\frac{\delta}{D_o},\frac{B}{D_o},\frac{P_t}{D_o},\frac{P_l}{D_o},N\right) \tag{4-18}$$

式中 H——翅片高度，mm；

δ——翅片厚度，mm；

B——翅片间距，mm；

P_t——翅片管的横向管间距，mm；

P_l——翅片管的纵向管间距，mm；

D_o——翅片管外径，mm；

N——流动方向的管排数。

其中，努塞尔数的计算方法见式（4-19）。

$$Nu=\frac{\alpha D_i}{\gamma} \tag{4-19}$$

式中 Nu——努塞尔数；

α——气体热扩散系数，m^2/s；

D_i——翅片管内径，mm；

γ——气体重度，N/m^3。

雷诺数，计算方法见式（4-20）。

$$Re=\frac{D_o U_m}{\gamma}=\frac{D_o U_m \rho}{\mu}=\frac{D_o G_m}{\mu} \tag{4-20}$$

式中 Re——雷诺数；

U_m——最窄流通截面处的空气流速，m/s；

G_m——最窄流通截面处的质量流速，kg/（m^2 · s）；

ρ——气体密度，kg/m^3；

μ——气体动力黏度，Pa · s。

普朗特数，计算方法见式（4-21）。

$$Pr=\frac{\nu}{\alpha}=\frac{C\mu}{\lambda} \tag{4-21}$$

式中 Pr——普朗特数；

λ——气体导热系数，W/(m·K)；

ν——气体运动黏度，m^2/s；

C——实验关联式的系数。

此外，管外的放热系数还与翅片管束的排列方式有关。翅片管束的排列方式分为顺排和叉排，由于叉排中流体的紊流度较大，故其管外的放热系数高于顺排。

对于特定的翅片管束，其几何因素都是固定不变的，这时，其无因次函数关系见式（4-22）。

$$Nu=f(Re,Pr) \tag{4-22}$$

对于空气，Pr 可看作常数，其无因次函数关系见式（4-23）。

$$Nu=f(Re) \tag{4-23}$$

式（4-23）的指数方程形式见式（4-24）。

$$Nu=CRe^n \tag{4-24}$$

式中 n——实验关联式的指数。

这一形式的公式只适用于特定几何条件下的翅片管束，为了在实验公式中能反映翅片管和翅片管束几何变量的影响，需要改变几何参数进行实验，并对实验数据进行综合整理。

对于翅片管，管外的放热系数可以有不同的定义公式，可以以光管外表面积为基准定义，也可以以翅片管外表面积为基准定义。为了研究方便，此处采用光管外表面积作为基准，计算方法见式（4-25）。

$$\alpha_g=\frac{Q}{n\pi DL(T_{wo}-T_a)} \tag{4-25}$$

式中 α_g——管外的放热系数，W/(m^2·K)；

Q——单位时间的总放热量，kW；

n——放热管子的根数；

πDL——一根管的光管换热面积，m^2；

T_a——空气平均温度，K；

T_{wo}——管壁温度，K。

如何测求翅片管束平均管外的放热系数是实验的关键。如果直接由式（4-25）来测求，势必要测量管壁温度，这是一件很困难的任务。采用一种工程上更通用的方法，即威尔逊方法测求管外的放热系数，这一方法的要点是先测求出翅片管的传热系数，然后从传热热阻中减去已知的各项热阻，即可间接地求出管外的放热热阻和管外的放热系数。

管外的放热系数，计算方法见式（4-26）。

$$\frac{1}{\alpha_g}=\frac{1}{K}-\frac{1}{\alpha_i}\frac{D_o}{D_i}-R_w \tag{4-26}$$

式中 α_g——管外的放热系数，$W/(m^2 \cdot K)$；

α_i——管内流体对管内壁的放热系数（简称管内的放热系数），由已知的传热规律计算，$W/(m^2 \cdot K)$；

K——翅片管的传热系数，$W/(m^2 \cdot K)$；

R_w——管壁的导热热阻，由管壁的导热公式计算，$(m^2 \cdot K)/W$。

翅片管的传热系数，计算方法见式（4-27）。

$$K=\frac{Q}{n\pi D_o L(T_v-T_a)} \tag{4-27}$$

式中 T_v——管内流体的平均温度，K；

n——放热管子的根数。

应当指出，当 α_i 远远大于 α_g 时，$\frac{1}{\alpha_i}$将远远小于$\frac{1}{\alpha_g}$，这时，α_i 的某些计算误差将不会明显地影响 α_g 的大小。为了保证 α_i 有足够大的数值，一般翅片管束应采用蒸汽冷凝放热的换热方式。本实验系统中，采用热管作为传热元件，将翅片管做成热管的冷凝段，即热管内部的蒸汽在翅片管内冷凝，放出汽化潜热，透过管壁，传出翅片管外，这就保证了翅片管内的冷凝过程。这时，α_i 可由努塞尔层流膜层凝结原理公式得到，计算方法见式（4-28）。

$$\alpha_i=1.88\left(\frac{4\Gamma}{\mu}\right)^{-\frac{1}{3}}\left(\frac{\lambda^3\rho^2 g}{\mu^2}\right)^{\frac{1}{3}} \tag{4-28}$$

式中 Γ——单位冷凝宽度上的凝液量。

管壁的导热热阻，计算方法见式（4-29）。

$$R_w=\frac{D_o}{2\lambda_w}\ln\frac{D_o}{D_i} \tag{4-29}$$

式中 λ_w——管壁的导热系数，$W/(m \cdot K)$。

应当注意，式（4-29）中的各项热阻以光管外表面积为基准。

四、实验步骤

① 熟悉实验原理和实验装置。

② 调试检查测温、测速、测热等仪表，使其处于良好的工作状态。

③ 接通电加热器电源，将电功率控制在2~3kW，预热5~10min后，开动风机，风

机要在空载或很小的开度下启动。

④ 调整风机的风量调节手轮，以控制实验工况的空气流速，一般空气风速应从小到大逐渐增加。实验中，根据毕托管压差读值，可改变 6~7 个风速值，这样就有 6~7 个实验工况。

⑤ 在每一个实验工况下，待确认设备处于稳定状态后，进行所有物理量的测量和记录，将测量的量整齐地记在预先准备好的数据记录表格中。

⑥ 进行实验数据的计算和整理，将结果逐项记入实验数据记录表中。在整理数据时，可以用手算程序，也可以用预先安排好的计算机程序。

⑦ 对实验结果进行分析和讨论。应注意，当所有实验工况的测量结束以后，应先切断电加热器电源，待 10min 后，再关停风机。

五、实验数据处理和计算

1. 实验数据计算

管外的放热系数计算可按下述步骤进行：

① 截面积的风速，计算方法见式（4-30）。

$$U_{测}=\sqrt{\frac{2g\Delta h}{\rho}} \tag{4-30}$$

式中 $U_{测}$——截面积的风速，m/s；

Δh——压差，Pa；

ρ——空气密度，kg/m^3。

② 截面积的风量，计算方法见式（4-31）。

$$M_a=U_{测}A_{测}\rho_{测} \tag{4-31}$$

式中 M_a——截面积的风量，m^3/s；

$A_{测}$——测量截面积，$A_{测}=0.075\times0.3\text{m}^2$；

$\rho_{测}$——测量截面处的密度，由出口空气温度 T_{a2} 确定，kg/m^3。

③ 空气侧单位时间的吸热量，计算方法见式（4-32）。

$$Q_1=M_a c_{pa}(T_{a2}-T_{a1}) \tag{4-32}$$

式中 Q_1——空气侧单位时间的吸热量，kW；

c_{pa}——空气比定压热容，kJ/(kg·K)；

T_{a2}——出口空气温度，K；

T_{a1}——进口空气温度，K。

④ 电加热器功率，计算方法见式（4-33）。

$$Q_2 = IU \tag{4-33}$$

式中　Q_2——电加热器功率，kW；

I——电加热器电流，A；

U——电加热器电压，V。

⑤ 电加热器箱体单位时间的散热量，因箱体温度很低，散热量小，可由自然对流计算，计算方法见式（4-34）。

$$Q_3 = \alpha_c A_b (T_w - T_0) \tag{4-34}$$

式中　Q_3——电加热器箱体单位时间的散热量，W；

α_c——自然对流散热系数，可近似取 $\alpha_c = 5\text{W}/(\text{m}^2 \cdot \text{K})$ 进行计算；

A_b——箱体散热面积，m^2；

T_w——箱体温度，K；

T_0——环境温度，K。

⑥ 热平衡误差，计算方法见式（4-35）。

$$\Delta = \frac{Q_1 - (Q_2 - Q_3)}{Q_1} \tag{4-35}$$

⑦ 翅片管束最窄流通截面处的流速，计算方法见式（4-36）。

$$U_m = \frac{U_{测} A_{测}}{A_{窄}} \tag{4-36}$$

式中　U_m——翅片管束最窄流通截面处的流速，m/s；

$A_{窄}$——翅片管束最窄流通截面处的面积，m^2。

⑧ 翅片管束最窄流通截面处的质量流速（G_m），计算方法见式（4-37）。

$$G_m = U_m \rho \tag{4-37}$$

⑨ 雷诺数，计算方法见式（4-20）。

⑩ 翅片管的传热系数，计算方法见式（4-27），代入可得 $K = \dfrac{Q_1}{n\pi D_o L\ (T_v - T_a)}$。

⑪ 管内的放热系数，计算方法见式（4-28）。

对于以水为工质的热管，液膜物性值都是管内流体的平均温度 T_v 的函数，因此，式（4-28）可简化为式（4-38）。

$$\alpha_i = (245623 + 3404T_v - 9.677T_v^2)\left(\frac{Q_1}{nD_i}\right)^{-\frac{1}{3}} \tag{4-38}$$

⑫ 管壁的导热热阻，计算方法见式（4-29）。

⑬ 管外的放热系数，计算方法见式（4-26）。

⑭ 努塞尔数，计算方法见式（4-19）。

2. 实验数据记录

完成实验后，填写强迫对流翅片管束管外放热实验结果记录表，见表 4-4。

表 4-4　强迫对流翅片管束管外放热实验结果记录表

电加热器电压/V	电加热器电流/A	功率/W	管内平均温度/K	流速压头/Pa	进口空气温度/K	出口空气温度/K	室温/K	炉外温度/K

六、思考题

① 测量所求管外的放热系数包括几部分热阻？

② 所求实验公式的应用条件和范围是什么？应用威尔逊方法要保证什么条件？

③ 每根带翅片的实验热管的管内流体的平均温度不尽相同，这对管内的放热系数的精确性有何影响？

④ 分析实验误差来源和改进措施。

⑤ 通过实验，掌握了哪些实验技能？巩固了哪些基本概念？

实验四　中温辐射物体黑度的测试

一、实验目的

用比较法定性地测量中温辐射时的物体黑度。

二、实验原理

由 n 个物体组成的辐射换热系统中，利用净辐射法可以求物体的净辐射换热量，计算方法见式（4-39）。

$$Q_{net.i} = Q_{abs.i} - Q_{e.i} = \alpha_i \sum_{k=1}^{n} \int_{F_k}^{\infty} E_{eff.k} \psi_{i.k} dA_k - \varepsilon_i E_{b.i} A_i \tag{4-39}$$

式中　$Q_{net.i}$——i 面的净辐射换热量，J；

$Q_{abs.i}$——i 面从其他表面的吸热量，J；

$Q_{e.i}$——i 面本身的辐射热量，J；

ε_i——i 面的黑度；

$\psi_{i.k}$——k 面对 i 面的角系数；

$E_{eff.k}$——k 面有效的辐射力；

$E_{b.i}$——i 面的辐射力；

α_i——i 面的吸收率；

A_i——i 面的面积，m^2；

A_k——k 面的面积，m^2。

辐射换热示意图如图 4-7 所示。根据本实验的设备情况，可以认为：传导圆筒为黑体；热源、传导圆筒、待测物体（受体）表面的温度均匀。

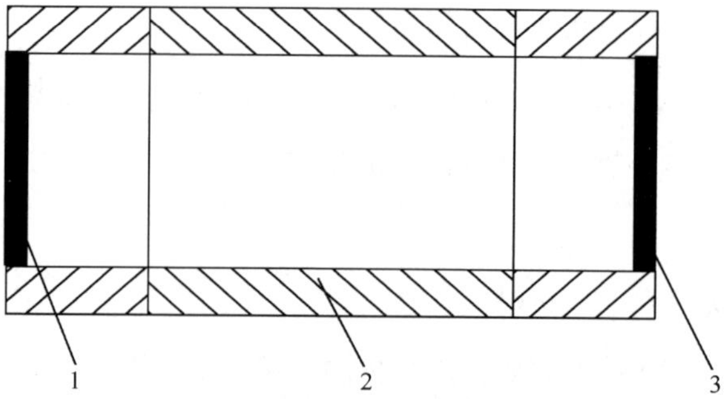

1—热源；2—传导圆筒；3—待测物体（受体）。

图 4-7　辐射换热示意图

因此，待测物体（受体）的净辐射换热量为：

$$Q_{net.3}=\alpha_3(E_{b.1}A_1\psi_{1.3}+E_{b.2}A_2\psi_{2.3}-\varepsilon_3E_{b.3}A_3)$$

因为 $A_1=A_3$、$\alpha_3=\varepsilon_3$、$\psi_{3.2}=\psi_{1.2}$，又根据角系数的互换性 $A_2\psi_{2.3}=A_3\psi_{3.2}$，则：

$$q_3=Q_{net.3}/A_3=\varepsilon_3(E_{b.1}\psi_{1.3}+E_{b.2}\psi_{1.2})-\varepsilon_3E_{b.3}=\varepsilon_3(E_{b.1}\psi_{1.3}+E_{b.2}\psi_{1.2}-E_{b.3})$$

由于待测物体（受体）与环境主要以自然对流方程换热，其单位面积的净辐射换热量的计算方法见式（4-40）。

$$q_3=\alpha_d(t_3-t_f) \tag{4-40}$$

式中　q_3——待测物体（受体）单位面积的净辐射换热量，kJ/m^2；

α_d——换热系数；

t_3——待测物体（受体）温度，℃；

t_f——环境温度，℃。

待测物体（受体）黑度（ε_3），计算方法见式（4-41）。

$$\varepsilon_3=\frac{\alpha_d(t_3-t_f)}{E_{b.1}\psi_{1.3}+E_{b.2}\psi_{1.2}-E_{b.3}} \tag{4-41}$$

当热源和传导圆筒的表面温度一致时，$E_{b.1}=E_{b.2}$，并考虑到体系 1、2、3（图 4-7）为封闭系统，则：

$$\psi_{1.3}+\psi_{1.2}=1$$

由此，式（4-41）可写成式（4-42）。

$$\varepsilon_3=\frac{\alpha(t_3-t_f)}{E_{b.1}-E_{b.3}}=\frac{\alpha(t_3-t_f)}{\sigma(t_1^4-t_3^4)} \tag{4-42}$$

式中　σ——斯蒂芬-玻尔茨曼常数，$\sigma=5.7\times10^{-8}\,\mathrm{W/(m^2\cdot K^4)}$；

t_3——待测物体（受体）温度，℃；

t_1——热源温度，℃。

不同待测物体（受体）a、b 的黑度为：

$$\varepsilon_a=\frac{\alpha_a(t_{3a}-t_f)}{\sigma(t_{1a}^4-t_{3a}^4)}$$

$$\varepsilon_b=\frac{\alpha_b(t_{3b}-t_f)}{\sigma(t_{1b}^4-t_{3b}^4)}$$

设 $\alpha_a=\alpha_b$，则：

$$\frac{\varepsilon_a}{\varepsilon_b}=\frac{t_{3a}-t_f}{t_{3b}-t_f}\cdot\frac{t_{1b}^4-t_{3b}^4}{t_{1a}^4-t_{3a}^4}$$

当 b 为黑体时，$\varepsilon_b\approx1$，则：

$$\varepsilon_a=\frac{t_{3a}-t_f}{t_{3b}-t_f}\cdot\frac{t_{1b}^4-t_{3b}^4}{t_{1a}^4-t_{3a}^4}$$

三、实验方法和步骤

本实验用比较法定性地测定物体的黑度，具体方法是通过对三组加热器电压的调整（热源一组，传导圆筒两组），使热源和传导圆筒的测量点恒定在同一温度上，然后在恒温条件下，分别测出“待测”（受体为待测物体，具有原来的表面状态）和“黑体”（受体仍为待测物体，但表面熏黑）两种状态的待测物体（受体）受到辐射后的温度，按公式计算出待测物体（受体）的黑度。

具体步骤如下：

① 热源腔体和待测物体（受体）腔体（使用具有原来表面状态的物体作为受体）靠紧传导圆筒。

② 接通电源，拉开温度设定旋钮，使其设定到试验所需温度，设定完成后推进温

度设定旋钮，系统自动跟踪设定温度。

③ 系统进入恒温后（各测温点基本接近，且在 5min 内各点温度波动小于 3℃），开始测试待测物体（受体）温度，当其温度 5min 内的变化小于 3℃时，记录第一组数据。待测物体（受体）实验结束。

④ 取下待测物体（受体），将其冷却，用松脂（带有松脂的松木）或蜡烛将其熏黑，然后重复以上实验，测得第二组数据。将两组数据代入公式即可得出待测物体（受体）的黑度。

四、实验数据处理和计算

1. 实验数据计算

本实验所用计算方法见式（4-43）。

$$\frac{\varepsilon_{受}}{\varepsilon_0}=\frac{\Delta T_{受}(T_{源}^4-T_0^4)}{\Delta T_0(T'^4_{源}-T_{受}^4)} \tag{4-43}$$

式中 ε_0——黑体的黑度，该值可假设为 1；

$\varepsilon_{受}$——待测物体（受体）的黑度；

$\Delta T_{受}$——待测物体（受体）与环境的温差，K；

ΔT_0——黑体与环境的温差，K；

$T_{源}$——待测物体（受体）为黑体时热源的热力学温度，K；

$T'_{源}$——待测物体（受体）为被测物体时热源的热力学温度，K；

T_0——黑体的热力学温度，K；

$T_{受}$——待测物体（受体）的热力学温度，K。

2. 实验数据记录

完成实验后，填写中温辐射物体黑度的测试实验结果记录表 1 和中温辐射物体黑度的测试实验结果记录表 2，见表 4-5 和表 4-6。

表 4-5　中温辐射物体黑度的测试实验结果记录表 1

序号	热源温度/℃	传导温度/℃		待测物体(受体)原表面温度/℃	备注
		1	2		
1					
2					
3					
平均温度/℃					

表 4-6 中温辐射物体黑度的测试实验结果记录表 2

序号	热源温度/℃	传导温度/℃		待测物体(受体)熏黑温度/℃	备注
		1	2		
1					
2					
3					
平均温度/℃					

五、注意事项

① 热源和传导圆筒的温度不宜超过 95℃。

② 每次做原始状态实验时，建议用汽油或酒精将待测物体（受体）表面擦净，否则，实验结果将有较大出入。

实验五 散热器热工性能实验

一、实验目的

① 通过实验了解散热器热工性能的测定方法及低温水散热器热工性能实验装置的结构。

② 测定散热器的散热量，计算分析散热器的散热量与热媒流量和温差的关系。

二、实验装置

散热器热工性能实验装置示意图如图 4-8 所示。

三、实验原理

本实验的实验原理是在稳定的条件下测定出散热器的散热量，其计算方法见式（4-44）。

$$Q=Gc_p(t_g-t_h) \tag{4-44}$$

式中 Q——散热器的散热量，kJ/h；

G——热媒流量，kg/h；

c_p——水的比定压热容，kJ/(kg · ℃)；

t_g、t_h——供、回水温度,℃。

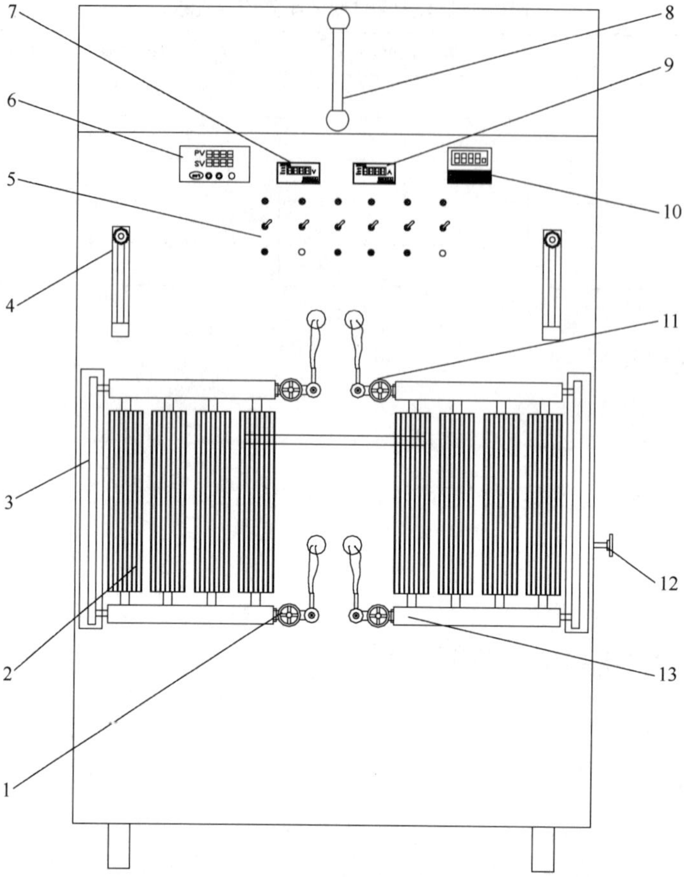

1—散热器阻力、温度取样点；2—散热器；3—散热器水位计兼排气阀门；4—转子流量计；5—循环水泵开关及加热开关组；6—温度压差巡检仪；7—电压表；8—水位计；9—电流表；10—温度控制仪表；11—上水调节阀；12—散热器关闭调节阀；13—内置加热水箱、循环水泵、压差传感器的模拟墙体。

图 4-8　散热器热工性能实验装置示意图

散热器共有两组，每组散热面积为 $2m^2$。由于实验条件所限，在实验中应尽量减少室内温度波动。低位水箱内的水由循环水泵打入高位水箱，被电加热器加热，并由温度控制仪表控制在某一固定温度范围波动，由管道流入散热器中，经其传热将一部分热量散入房间，降低温度后的回水通过转子流量计流入低位水箱。转子流量计计量出流经每个散热器在温度为 t_h 时的体积流量。循环水泵打入高位水箱的水量大于散热器回路所需的流量时，多余的水量经溢流管流回低位水箱。

四、实验步骤

① 测量散热器面积。

② 系统充水，充水的同时要排除系统内的空气。

③ 打开总开关，启动循环水泵，使水正常循环。

④ 将温控器调到所需温度（热媒温度）。打开电加热器，加热系统循环水。

⑤ 根据散热器的散热量，调节每个流量计入口处的阀门，使之流量、温差达到一个相对稳定的值，如不稳定则要找出原因，系统内有气应及时排除，否则实验结果不准确。

⑥ 系统稳定后进行记录并开始测定。当确认散热器供、回水温度和流量基本稳定后，即可进行测定。散热器供、回水温度与室内温度均采用镍铬-康铜热电偶作为传感器，配合温度压差巡检仪直接测量，流量用转子流量计测量。温度和流量均为每 10min 测读一次。

温度为 t_h 时水的体积流量，计算方法见式（4-45）。

$$G_t = \frac{L}{1000} = L \cdot 10^{-3} \tag{4-45}$$

式中　L——转子流量计读值，L/h；

G_t——温度为 t_h 时水的体积流量，m^3/h。

热媒流量，计算方法见式（4-46）。

$$G = G_t \cdot \rho_t \tag{4-46}$$

式中　ρ_t——温度为 t_h 时的水的密度，kg/m^3。

⑦ 改变工况进行实验，分两种情况：

a. 改变供、回水温度，保持水量不变。

b. 改变流量，保持散热器的平均温度 t_p 不变，即保持 $t_p = \frac{t_g + t_h}{2}$ 恒定。

⑧ 实验测定完毕。关闭电加热器，停止运行循环水泵，检查水、电等有无异常现象，整理测试仪器。

五、实验数据处理和计算

完成实验后，填写散热器热工性能实验结果记录表，见表 4-7。

表 4-7　　散热器热工性能实验结果记录表

序号	供水温度/℃	回水温度/℃	室温/℃	热媒流量/(kg/h)	散热量/(kJ/h)
1					
2					
3					
4					

六、注意事项

① 散热器温度取样点应加入少量机油，以保持温度稳定。

② 高位水箱内的电热管淹没在水面下时才能打开。本实验装置是自控装置，应经常检查。

③ 实验装置应接地。

实验六　热脉冲法测定固体材料导热系数、导温系数实验

一、实验装置

实验装置主要由试件夹紧装置、电流表、电压表、加热器、热电偶、数据采集卡、直流稳压电源等组成，游标卡尺、秒表和温度计自备。实验装置示意图如图4-9所示。

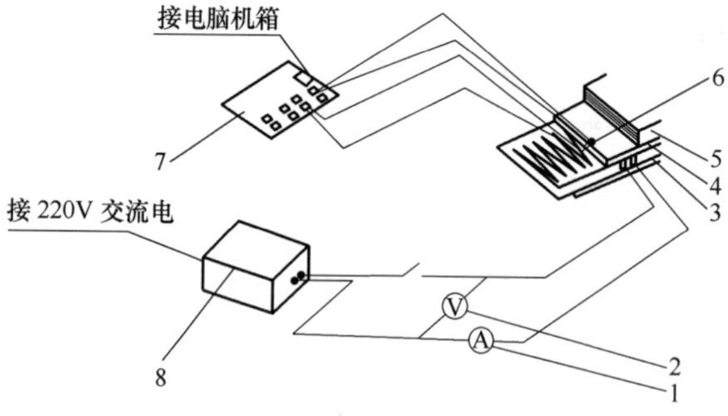

1—电流表；2—电压表；3—加热器；4—薄试件；5—厚试件；6—热电偶；7—数据采集卡；8—直流稳压电源。

图4-9　实验装置示意图

在整套实验装置中，试件夹紧装置和加热器是关键部分。试件夹紧装置的作用是给试件加一定的压力。试件夹紧装置示意图如图4-10所示，采用螺杆导向压板旋紧式结构，主要由上压板、底板、导向定位螺杆、蝶形螺母、夹紧螺母组成。上压板可沿四根导向定位螺杆上下移动，其停留位置由四个蝶形螺母控制。将蝶形螺母旋至试件高度以下，再将上压板放在试件上，旋紧位于上压板上的四个蝶形螺母，即可将试件夹紧。

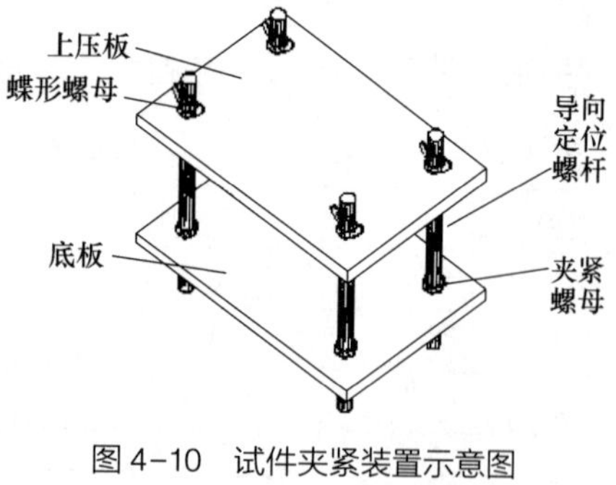

图4-10　试件夹紧装置示意图

加热器是整个实验装置的核心，加热效果直接影响实验结果。加热器采用0.2mm的锰铜丝，经过均匀缠绕若干组并联而成，锰铜丝尽可能均匀布置。根据试件的要求，加热面积分

为 20cm×20cm 和 15cm×15cm，加热器的阻值约为 30Ω。加热器示意图如图 4-11 所示。

有机塑料板通过万能胶与做好的加热板黏接而成一个完整的加热器，使得加热板由有机塑料板骨架支撑，从而增强了加热器的强度和完整性。试件的温度信号通过铜-康铜热电偶转换成电压信号传送给数据采集卡。在实验中，采用两对铜-康铜热电偶。为了防止铜丝与康铜丝碰接，将其伸在试件中的一段（约 10cm）用玻璃胶纸固定，在外部的铜丝与康铜丝套在一根塑料管中。为了使数据采集卡的输出信号比较稳定，要将热电偶直接接到数据采集卡上。

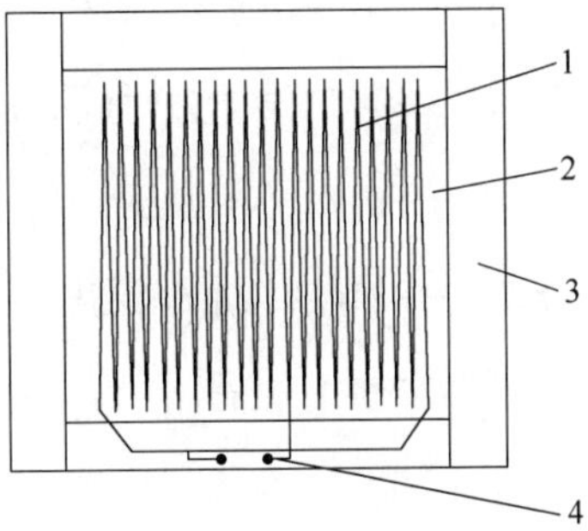

1—康铜丝；2—绝缘绸布；
3—有机塑料板；4—接线柱。
图 4-11　加热器示意图

二、实验原理

设有一半无限大物体，其在 y、z 方向的尺寸为无限大，在 $x>0$ 方向也为无限大，如图 4-12 所示。物体的导热系数、导温系数、比定压热容和平均密度分别为 λ、α、c_p、ρ。物体的初始平均温度 t_0 均匀一致。如从 $\tau=0$ 时开始，在 $x=0$ 平面处用一个恒定功率的平面热源进行短时间加热，则在加热期间，物体各点温度将持续上升；如在 $\tau=\tau_1$ 时停止加热，则加热面的温度将持续下降。

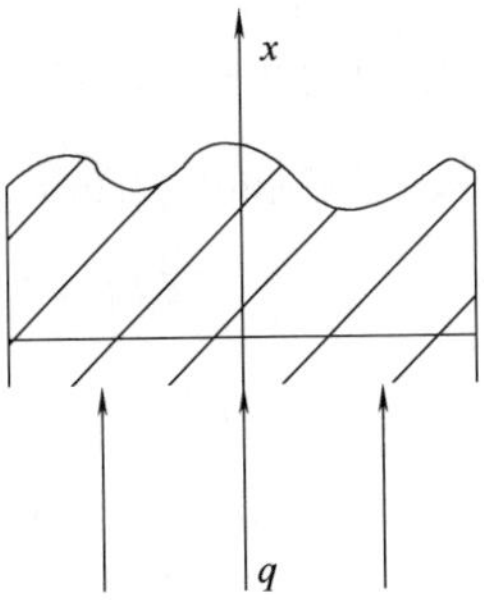

图 4-12　实验原理图

设停止加热时（即 $\tau=\tau_1$ 时），物体内部点 x 处的温度为 $t(x,\tau_1)$，停止加热后某一时刻（即 $\tau=\tau_2$ 时），加热面（即 $x=0$ 平面）的温度为 $t(x,\tau_2)$，则根据理论推导，可得：

$$B(y)=\frac{[t(x,\tau_1)-t_0](\sqrt{\tau_2}-\sqrt{\tau_2-\tau_1})}{\sqrt{\pi}[t(0,\tau_2)-t_0]}$$

其中，$y=\dfrac{x}{2\sqrt{\alpha\tau_1}}$，$B(y)$ 是 y^2 的函数。

导热系数，计算方法见式（4-47）。

$$\lambda=\frac{q\sqrt{\alpha}(\sqrt{\tau_2}-\sqrt{\tau_2-\tau_1})}{\sqrt{\tau_1}[t(0,\tau_2)-t_0]} \tag{4-47}$$

式中　q——热流密度，W/m^2；

τ_1——第一段加热时间，h；

τ_2——第二段加热时间，h；

t_0——初始平均温度，℃；

$t(0, \tau_2)$——加热时刻 τ_2 温度，℃。

只要在实验中测得 t_0、$t(x, \tau_1)$、$t(0, \tau_2)$ 和热流密度的具体值，即可求得 $B(y)$，进而算出导温系数；然后再代入式（4-47），即可求出导热系数；如能进一步测算出平均密度，即可由式（4-48）求出比定压热容。

比定压热容，计算方法见式（4-48）。

$$c_p = \frac{\lambda}{\alpha\varphi} \tag{4-48}$$

这就是利用热脉冲法测定试件导热系数、导温系数和比定压热容的原理。

三、实验参数的控制

1. 试件

为了便于放置加热器和测量温度的热电偶，要将试件分为三块，中间一块试件比较薄（薄试件），两边的试件比较厚（厚试件），试件和试件之间夹以热电偶和加热器。

虽然制作的试件尺寸不可能像理论上假定的一样为半无限大。但是，只要按一定的比例制作，并合理控制实验时间，当加热器发出的热量尚未传到厚试件的上、下表面时，实验就已经结束，那么有限厚度的试件也可作为半无限大物体处理。因此，一般要求厚试件的长度和宽度是薄试件厚度的 8~10 倍，厚试件的厚度是薄试件的 3 倍以上。

试件应选用表面平整、厚度一致且各向同性的均质材料。如是木材，最好是同一棵树的同一部位，同是弦向或同是径向，以使密度和含水率均匀一致。试件一般取密度为 30~300kg/m^3 的干燥或潮湿的块状建筑材料或保温材料。

2. 试件的初始平均温度

根据实验原理，实验应在试件的初始平均温度均匀一致的条件下进行。因此，试件在未通电加热时，必须保证薄试件上、下表面的温度差小于 0.1℃（即上、下表面两对热电偶的热电势差小于 0.004mV）。两次实验的间隔时间必须在 4h 以上。

3. 实验时间

对于本实验所采用的有限厚度的试件来说，只有当加热器发出的热量尚未传到厚试件的上、下表面时，试件才能作为半无限大的物体处理。因此，实验必须在规定的时间内完成。根据有关资料计算，热脉冲法实验控制时间 τ_k 可用 k 值进行控制，k 值为试件内热源面发出的热流密度在 τ 时刻引起距离热源面 x 处的温度变化的特征值，k 值的计算方法见式（4-49）。

$$k=\frac{q}{\lambda\theta(x,\tau)} \tag{4-49}$$

在厚试件（$x=d$）处，当 k 值很大时，说明温度升高很小。根据实验的实际情况，$k=1000$ 已能满足实验要求，控制时间的计算方法见式（4-50）。

$$\tau_k=\frac{0.0842d^2}{\alpha} \tag{4-50}$$

式中 d——厚试件的厚度，m；

α——试件的导温系数，m^2/h；

0.0824——$k=1000$ 时的傅立叶数。

因此，只要对试件的导温系数预先估计一下，实验控制时间即可确定。

针对 33 种不同树种的木材导温系数进行分析分组，一共分成五组，分别计算各组的控制时间，见表 4-8。

表 4-8 试件加热时间控制表

木材导温系数	τ_k	
	$d=40$mm	$d=60$mm
<475	>17′	>38′18″
475~527	>15′20″~17′	>34′30″~38′18″
>527~579	>14′~15′20″	>31′24″~34′30″
>579~631	12′48″~14′	28′33″~31′24″
>631	<12′48″	<28′33″

在实验过程中，采用厚度为 40mm 左右的试件，根据上式可得 $\tau_k\geqslant 12$min。由于 τ_2 必须小于 τ_k，根据经验，加热时间 τ_1 一般应比 τ_2 短 4~6min，因此建议 $\tau_1=7$min，$\tau_2=12$min。

4. 加热器所加电压

加热器所加电压的大小应视试件而言，可根据表 4-9 选用加热器两端电压。

表 4-9 加热器两端参考电压

加热器电阻/Ω	薄试件厚度/m	试件平均密度/(kg/m^3)	选用电压/V
约 30	0.020	250~300	14~18
		301~500	18~22
		501~700	22~25
		701~900	25~28
	0.015	251~300	11~14
		301~500	14~17
		501~700	16~19
		701~900	18~22

四、实验步骤

1. 测算试件的平均密度

用游标卡尺测量每块试件的平均长度、宽度、厚度，精确到 0.1mm，并用天平称出每块试件的质量，精确到 0.1g，最后测算出试件的平均密度。

2. 记录加热器的电阻

3. 实验准备

实验准备按下列步骤进行：

① 将数据采集卡的外置卡接到机箱上，内置卡装入机箱中。

② 将试件放在试件夹紧装置内，并连接所有仪表、热电偶、加热器、数据采集卡等线路，注意数据采集卡的通道 0 和通道 7 不要接线。

③ 调整加热器两端电压。根据测算出的试件平均密度，调整加热器所需电压（表 4-9），并记录所加电压值。

④ 经指导老师检查后方可开始实验。

4. 实验阶段

按照下列步骤完成实验：

① 将数据采集卡的读数范围调整到 0.005V，读出薄试件上、下表面的初始热电势 e'、e。若两值相差 0.004mV，可以继续实验。

② 接通加热器，同时启动秒表，加热 7~8min。停止加热，记录下秒表的读数 τ_1 和数据采集卡各通道的读数 E'，其中通道 0 可读出当前室温的数值。

③ 加热器停止加热后，停止加热 12~14min，记录下停止加热时间 τ_2 和数据采集卡的读数 E。

④ 若要再次测试同一试件，两次间隔时间不得少于 4h，且两次测试结果相差不应超过 5 %，试验结果取算术平均值。

⑤ 实验结束，应及时归还并归整实验装置。

⑥ 经指导教师检查后方可离开。

五、实验数据处理和计算

1. 仪器装置相关常数

试件的材料：________________

试件的平均密度：________________ kg/m^3

加热器电阻：________________ Ω

薄试件厚度：________________ m

2. 实验数据记录

完成实验后，填写实验数据记录表和实验数据整理表，见表 4-10 和表 4-11。

表 4-10　　实验数据记录表

时间	室温/℃	e'/mV	e/mV	τ_1/h	E'/mV	τ_2/h	E/mV	加热器电压/V	加热器电阻/Ω

表 4-11　　实验数据整理表

$q/(W/m^2)$	t_{01}/℃	t_{02}/℃	$[t_0=(t_{01}+t_{02})/2]$/℃	$t(x,\tau_1)$/℃	$t(0,\tau_2)$/℃	$B(y)$	y^2

3. 实验结果

导温系数：________________ m^2/h

导热系数：________________ W/(m · ℃)

比定压热容：________________ J/(kg · ℃)

六、思考题

① 为何厚试件的厚度应比薄试件的厚度大得多？

② 在实验中如何保证试件为“半无限大”？

③ 如何判断试件的初始温度是否均匀一致？

④ 造成实验误差的因素有哪些？如何减少实验误差？

第五章 流体力学实验

流体力学主要研究流体静止和运动的力学规律及其在工程技术中的应用。本章实验旨在巩固和加深对流体力学基本概念、基本理论和基本方法的理解和掌握，学会理论联系实际，对专业范围内的流体力学现象进行合乎实际的判断，并能进行足够精确的定量估计，分析和解决工程中的各种流体力学问题。

实验一 雷诺实验

一、实验目的

① 观察流体在管道中的流动状态。

② 测定几种状态下的雷诺数。

③ 了解流态与雷诺数的关系。

二、实验装置

在流体力学综合实验台中，雷诺实验涉及的部分有恒压水箱、雷诺实验管、墨盒、储水箱、上水阀门、出水阀门、计量水箱等，秒表和温度计自备。流体力学综合实验台（雷诺实验）示意图如图 5-1 所示。

三、实验步骤

① 将流体力学综合实验台（雷诺实验）的各个阀门置于关闭状态。开启水泵，全开恒压水箱下的上水阀门，将恒压水箱注满水，再调节上水阀门，使恒压水箱的水有少量溢流，并保持水位不变。

② 用温度计测量水温。

③ 打开颜料水控制阀门，使颜料水从注入针流出，颜料水和雷诺实验管中的水迅速混合成均匀的淡颜色水，此时雷诺实验管中的流动为紊流状态；随着出水阀门的不断关小，颜料水与雷诺实验管中的水渗混程度逐渐减弱，直至颜料水与雷诺实验管中形成

一条清晰的线流，此时雷诺实验管中的流动为层流状态。

④ 全开出水阀门，然后再逐渐关闭出水阀门，直至能开始保持雷诺实验管内的颜料水流动为层流状态。按照从小流量到大流量的顺序进行实验，测量每一个状态的流量和水温，并求出相应的雷诺数。

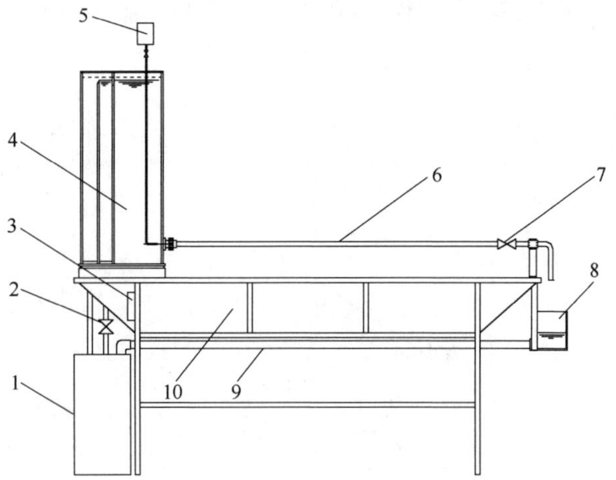

1—储水箱；2—上水阀门；3—电源插座；4—恒压水箱；5—墨盒；6—雷诺实验管；7—出水阀门；8—计量水箱；9—回水管；10—实验桌。

图 5-1　流体力学综合实验台（雷诺实验）示意图

⑤ 测定下临界雷诺数。调整出水阀门，使雷诺实验管中的流动处于紊流状态，然后缓慢地逐渐关小出水阀门，观察管内颜色水流的变动情况。当关小至某一程度时，管内的颜料水开始成为一条流线，即为紊流转变为层流的下临界状态。记录下此时的相应数据，求出下临界雷诺数。

⑥ 观察层流状态下的速度分布。关闭出水阀门，用手挤压颜料水控制阀门的胶管 2~3 次，使颜料水在一小段管内扩散到整个断面。然后，再微微打开出水阀门，使管内呈层流状态，这时即可观察到水在层流状态流动时速度沿管道径向呈抛物状，颜料水的轨迹可以清晰演示出管内水流流速分布情况。

注意：每调节阀门一次，均要等待其稳定几分钟。关小阀门过程中，只许关小，不许开大。随着出水流量减小，应当调小上水阀门，以减少溢流流量引发的振动。

四、实验数据处理和计算

实验数据处理和计算举例：

用尺测量计量水箱的长（20cm）和宽（20cm），其乘积为截面积（$400cm^2$）；在高度尺上为某一位置时（假设为 1cm 时）开始计时，上升至某一位置时（假设为 16cm 时）停止计时；所用时间为 173s。

在这一工况下其流量：

$$Q=\frac{0.2\times0.2\times0.15}{173}=3.468\times10^{-5}\ (m^3/s)$$

雷诺实验管内径 $d=0.014\text{m}$，实验水温 $t=5℃$，查水的运动黏度与水温曲线，可知 $\nu=1.519\times10^{-6}\text{m}^2/\text{s}$。

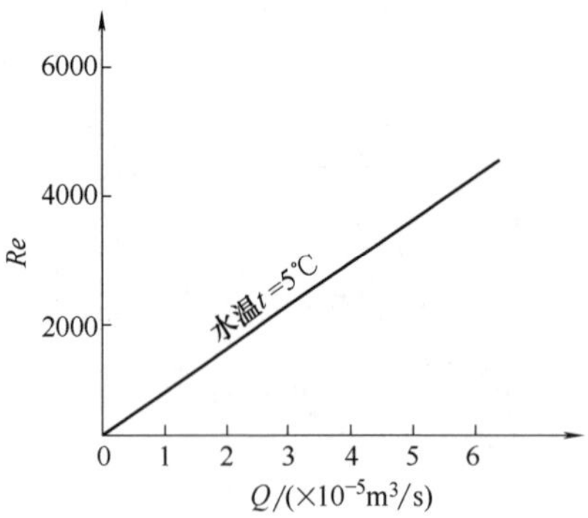

图 5-2　雷诺数与流量的关系曲线

流速：

$$v=\frac{Q}{A}=\frac{3.468\times10^{-5}}{\frac{\pi}{4}\times0.014^2}=0.255\ (\text{m/s})$$

雷诺数：

$$Re=\frac{vd}{\nu}=\frac{0.225\times0.014}{1.519\times10^{-6}}=2074$$

根据实验数据和计算结果，可绘制出雷诺数与流量的关系曲线，如图 5-2 所示。不同温度下，对应的曲线斜率不同。

实验二　伯努利能量方程实验

一、实验目的

观察流体流经能量方程实验管段时的能量转化情况，并对实验中出现的现象进行分析，从而加深对能量方程的理解。

二、实验装置

流体力学综合实验台中，伯努利能量方程实验涉及的部分有储水箱、压差板、上水阀门、调节阀门、回水管、恒压水箱和计量水箱等，秒表自备。流体力学综合实验台（伯努利能量方程实验）示意图如图 5-3 所示。

三、实验步骤

① 开启水泵，全开上水阀门，使恒压水箱注满水。

② 再调节上水阀门，使恒压水箱水位始终保持不变，并有少量溢出。

③ 检查在实验过程中调节流速的调节阀门，使其开至适当位置。

④ 调节出水阀门至一定开度，测定能量方程实验管段四个断面的四组测压管的液柱高度，并利用计量水箱和秒表测定流量。

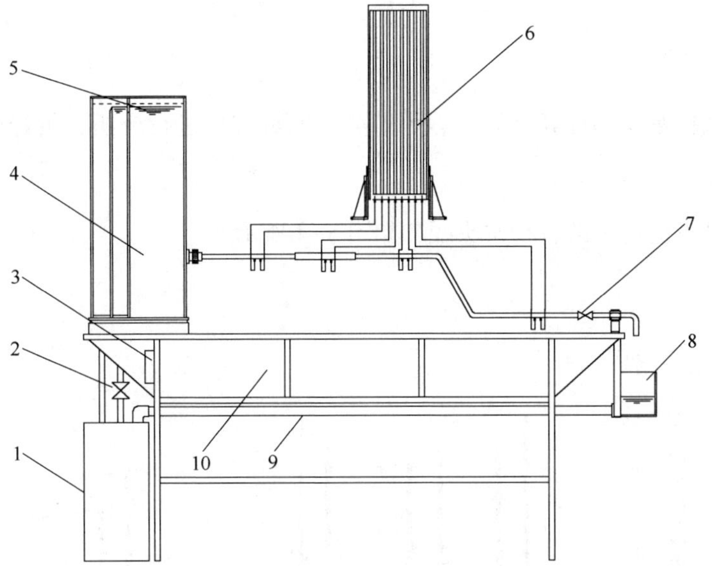

1—储水箱；2—上水阀门；3—电源插座；4—恒压水箱；5—墨盒；6—压差板；

7—调节阀门；8—计量水箱；9—回水管；10—实验桌。

图 5-3　流体力学综合实验台（伯努利能量方程实验）示意图

⑤ 改变各阀门的开度，重复上面方法进行测试。

四、实验数据处理和计算

完成实验后，填写伯努利能量方程实验结果记录表，见表 5-1。

表 5-1　　伯努利能量方程实验结果记录表

测点序号		Ⅰ		Ⅱ		Ⅲ		Ⅳ		流量/(m^3/s)
工况		液柱高度/mm								
		左	右	左	右	左	右	左	右	
1	总水头									
	压力水头									
	速度水头									
	位置水头									
2	总水头									
	压力水头									
	速度水头									
	位置水头									
能量方程实验管段断面的中心线距基准线高/mm										
能量方程实验管段内径/mm										

五、思考题

① 根据实验数据的计算结果，运用伯努利能量方程进行分析，解释各测点各种能头的变化规律。

② 绘出某一流量下的各种水头线，如图 5-4 所示。

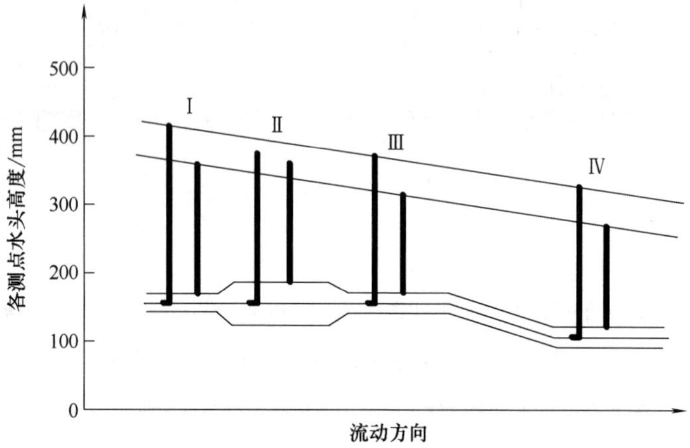

图 5-4　能量方程水头分布图

实验三　沿程水头损失与平均流速的关系

一、实验目的

① 加深了解管道层流和紊流的沿程水头损失随平均流速变化的规律，绘制 $\lg h_r$-$\lg v$ 曲线。

② 掌握管道沿程阻力系数的测量技术和应用测压计的方法。

二、实验原理

沿程水头损失与平均流速的关系实验管段示意图如图 5-5 所示。

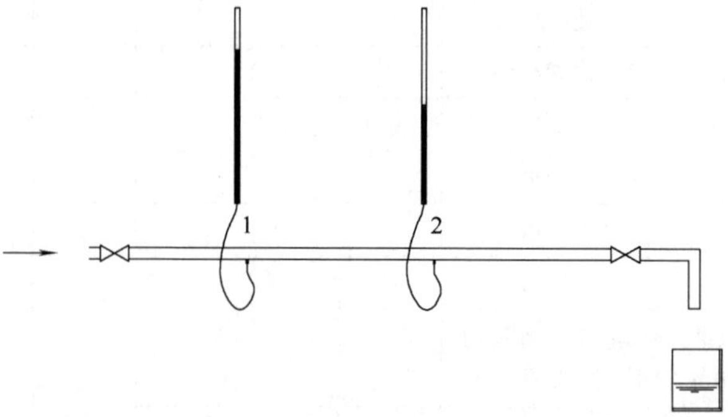

图 5-5　沿程水头损失与平均流速的关系实验管段示意图

对沿程阻力两测点的断面列

能量方程：

$$Z_1+\frac{p_1}{\rho g}+\frac{\alpha_1 v_1^2}{2g}=Z_2+\frac{p_2}{\rho g}+\frac{\alpha_2 v_2^2}{2g}+h_r$$

式中　Z_1、Z_2——1、2 点相对于选定基准面的高度，cm；

p_1、p_2——1、2 点流体压强，Pa；

α_1、α_2——1、2 点的动能修正系数；

ρ——流体密度，g/cm^3；

v_1、v_2——1、2 点流体流速，cm/s；

g——重力加速度；

h_r——沿程水头损失，cm。

因实验管段水平，且为均匀流动，则 $Z_1=Z_2$，$d_1=d_2$，$v_1=v_2$，其中 d_1、d_2 为 1、2 点管道直径。所以，沿程水头损失的计算方法见式（5-1）。

$$h_r=\frac{p_1}{\rho g}-\frac{p_2}{\rho g}=\Delta h \tag{5-1}$$

式中　Δh——1 点到 2 点的水头高度差，cm。

同时，根据实测流量计算平均流速，将所得数据点绘在对数坐标纸上，即可确定沿程水头损失与平均流速的关系。

三、实验步骤

① 将实验台的各阀门置于关闭状态，开启实验管段阀门。

② 开启水泵，检查管路系统是否有泄漏。

③ 排放导压橡胶管内的空气。

④ 开启调节阀门，测读测压计水面差。

⑤ 用体积法测量流量，并计算出平均流速。

⑥ 将实验所得的沿程水头损失与计算得出的平均流速标入对数坐标纸内，绘出 $\lg h_r-\lg v$ 关系曲线。

⑦ 调节阀门逐次由大到小，共测定 10 次；使平均流速经过紊流区、过渡区、合层流区。

四、实验数据处理和计算

1. 仪器装置相关常数

管道直径：________ cm　　　　管道横截面积：________ cm^2

沿程长度：________ m　　　　　　室温：________ ℃

2. 实验数据记录

完成实验后，填写沿程水头损失实验结果记录表，见表 5-2。

表 5-2　　沿程水头损失实验结果记录表

序号	h_1/cm	h_2/cm	h_r/cm	$\lg h_r$	流量 q/(cm^3/s)	平均流速 v/(cm/s)	$\lg v$
1							
2							
3							
4							
5							
6							
7							
8							
9							
10							

实验四　阀门局部阻力系数的测定

一、实验目的

① 掌握管道中阀门局部阻力系数的测定方法。

② 了解局部阻力系数在不同流态，不同雷诺数下的变化情况。

③ 测定阀门不同开度时（全开、开 30°、开 45°）的局部阻力系数。

④ 掌握三点法测量局部阻力系数的技术。

二、实验原理

阀门局部阻力测试示意图如图 5-6 所示。

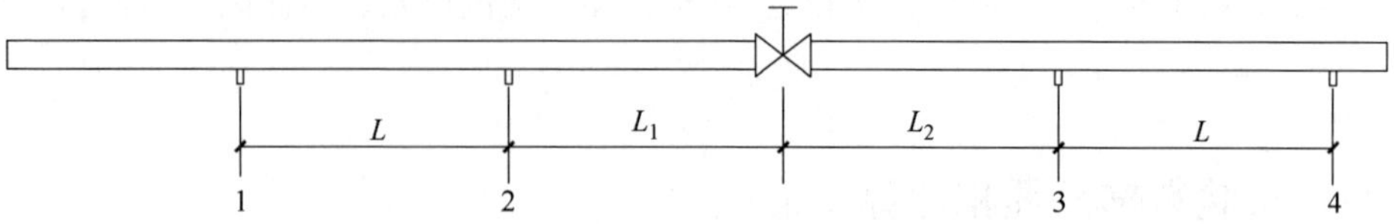

图 5-6　阀门局部阻力测试示意图

对 1、4 两断面列能量方程，可求得阀门局部水头损失与 2（L_1+L_2）长度上沿程水头损失之和（$L=L_1=L_2$），用 h_{w1} 表示：

$$h_{w1}=\frac{p_1-p_4}{\rho g}=\Delta h_1$$

式中　p_1、p_4——1、4 点流体压强，Pa；

ρ——流体密度，g/cm^3；

g——重力加速度；

Δh_1——1 点到 4 点的水头高度差，cm。

同理对 2、3 两断面列能量方程，可求得阀门局部水头损失与 $L_1=L_2$ 长度上的沿程水头损失之和，用 h_{w2} 表示：

$$h_{w2}=\frac{p_2-p_3}{\rho g}=\Delta h_2$$

式中　p_2、p_3——2、3 点流体压强，Pa；

Δh_2——2 点到 3 点的水头高度差，cm。

所以，阀门局部水头损失 h_ξ 应为：

$$h_\xi=2\Delta h_2-\Delta h_1$$

$$\xi\cdot\frac{v^2}{2g}=2\Delta h_2-\Delta h_1$$

所以，阀门局部阻力系数的计算方法见式（5-2）。

$$\xi=\frac{(2\Delta h_2-\Delta h_1)\cdot 2g}{v^2} \tag{5-2}$$

式中　ξ——阀门局部阻力系数；

v——管道断面流体的平均流速，cm/s。

三、实验步骤

① 本实验共进行三组，分别为阀门全开、开 30°、开 45°，每组做三个实验点。

② 开启进水阀门，使压差达到测压计可测量的最大高度。

③ 测读压差，同时用体积法测量流量。

④ 每组三个实验点的压差值不要太接近。

⑤ 变换阀门开度，重复上述步骤。

四、实验数据处理和计算

完成实验后，填写阀门局部阻力系数实验结果记录表，见表 5-3。

表 5-3　　阀门局部阻力系数实验结果记录表

开度	序号	h_1/cm	h_4/cm	Δh_1/cm	h_2/cm	h_3/cm	Δh_2/cm	$2\Delta h_2-\Delta h_1$/cm	流量 q/(cm^3/s)	v/(cm/s)	ζ
全开	1										
	2										
	3										
开 30°	1										
	2										
	3										
开 45°	1										
	2										
	3										

实验五　文丘里流量计实验

一、实验目的

① 通过测定流量系数，掌握文丘里流量计测量管道流量的技术。

② 验证能量方程的正确性。

二、实验原理

文丘里测试原理图如图 5-7 所示。

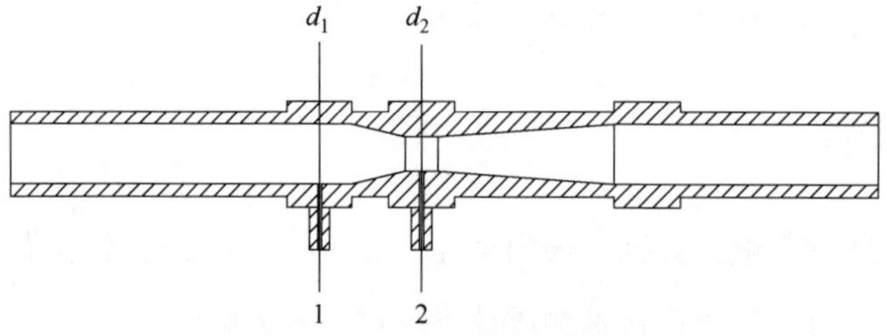

图 5-7　文丘里测试原理图

根据能量方程和连续性方程，可得不计阻力作用的文丘里管过水能力关系：

$$Q'=\frac{\frac{\pi}{4}d_1^2}{\sqrt{\left(\frac{d_1}{d_2}\right)^4-1}}\sqrt{2g\left[\left(Z_1+\frac{p_1}{\gamma}\right)-\left(Z_2+\frac{p_2}{\gamma}\right)\right]}=K\sqrt{\Delta h}$$

式中　Q'——流体流量，cm^3/s；

γ——流体重度，N/cm^3；

K——流量系数；

g——重力加速度；

d_1、d_2——1、2 点管道直径，cm；

Z_1、Z_2——1、2 点管道高度，cm；

p_1、p_2——1、2 点流体压强，Pa；

Δh——1 点到 2 点的水头高度差，cm。

其中：

$$K=\frac{\frac{\pi}{4}d_1^2\sqrt{2g}}{\sqrt{\left(\frac{d_1}{d_2}\right)^4-1}}$$

$$\Delta h=\left(Z_1+\frac{p_1}{\gamma}\right)-\left(Z_2+\frac{p_2}{\gamma}\right)$$

由于阻力的存在，实际流量 Q 恒小于 Q'。引入无量纲系数 $\mu=\frac{Q}{Q'}$，实际流量的计算方法见式（5-3）。

$$Q=\mu Q'=\mu K\sqrt{\Delta h} \tag{5-3}$$

式中　μ——流量修正系数。

三、实验步骤

① 测量各有关常数。

② 打开水泵，调节进水阀门，全开出水阀门，使压差达到测压计可测量的最大高度。

③ 测读压差，同时用体积法测量流量。

④ 逐次关小调节阀，改变流量 7~9 次，注意调节阀门时应缓慢。

⑤ 把测量值记录在实验数据记录表内，并进行有关计算。如测压管液面波动，应取平均值。

四、实验数据处理和计算

1. 仪器装置相关常数

d_1：________ cm　　　　d_2：________ cm

水温 t：________℃　　　　　　　　水箱液面标尺值 v_o：________ cm

管轴线高程标尺值 $\bar{v}$：________ cm

2. 实验数据记录

完成实验后，填写文丘里流量计实验数据记录表和文丘里流量计实验数据整理表，见表 5-4 和表 5-5。

表 5-4　　　　文丘里流量计实验数据记录表

序号	测压管读数		$Q/(\mathrm{cm^3/s})$	测量时间 τ/s
	h_1/cm	h_2/cm		
1				
2				
3				
…				

表 5-5　　　　文丘里流量计实验数据整理表

序号	$Q/(\mathrm{cm^3/s})$	$\Delta h=(h_1-h_2)/\mathrm{cm}$	$Q'=(k\sqrt{\Delta h})/(\mathrm{cm^3/s})$	$\mu=\dfrac{Q}{Q'}$
1				
2				
3				
…				

实验六　管道局部阻力损失实验

一、实验目的

① 掌握三点法、四点法测量局部阻力系数的技能。

② 通过对管道突扩局部阻力系数的表达公式和突缩局部阻力系数的经验公式进行实验验证与分析，熟悉用理论分析法和经验法建立函数式的途径。

③ 加深对局部阻力损失机理的理解。

二、实验原理

1. 经验公式

① 突扩局部阻力系数，计算方法见式（5-4）。

$$\zeta_e'=\left(1-\frac{A_1}{A_2}\right)^2 \tag{5-4}$$

式中　ζ'_e——突扩局部阻力系数；

A_1、A_2——1、2点管道截面积，cm^2。

② 突扩局部阻力，计算方法见式（5-5）。

$$h'_{je}=\zeta'_e\frac{v_1^2}{2g} \tag{5-5}$$

式中　h'_{je}——突扩局部阻力；

v_1——1点流体流速，cm/s；

g——重力加速度。

③ 突缩局部阻力系数，计算方法见式（5-6）。

$$\zeta'_s=0.5\left(1-\frac{A_5}{A_3}\right) \tag{5-6}$$

式中　ζ'_s——突缩局部阻力系数；

A_3、A_5——3、5点管道截面积，cm^2。

④ 突缩局部阻力，计算方法见式（5-7）。

$$h'_{js}=\zeta'_s\frac{v_5^2}{2g} \tag{5-7}$$

式中　h'_{js}——突缩局部阻力；

v_5——5点流体流速，cm/s。

2. 测量原理

写出局部阻力前后两断面的能量方程，根据推导条件，扣除沿程水头损失可得。突扩、突缩局部阻力测试示意图如图5-8所示。

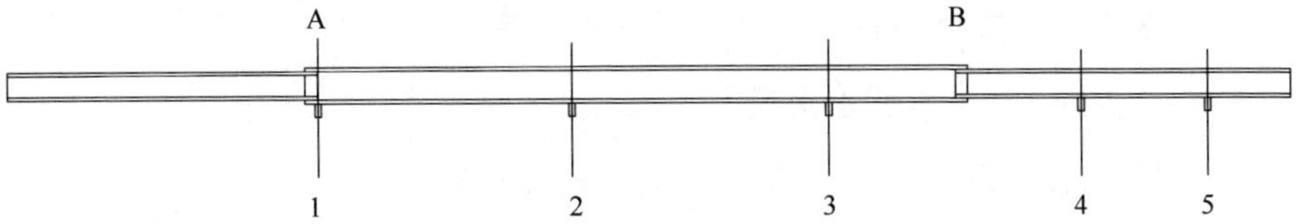

A—突扩点；B—突缩点。

图5-8　突扩、突缩局部阻力测试示意图

（1）突然扩大（突扩）

采用三点法计算，下式中 h_{f1-2} 由 h_{f2-3} 按流长比例换算得出。

列1、2两断面能量方程：

$$Z_1+\frac{p_1}{\rho g}+\frac{\alpha v_1^2}{2g}=Z_2+\frac{p_2}{\rho g}+\frac{\alpha v_2^2}{2g}+h_{f1-2}+h_{je}$$

$$h_{je}=\left[\left(Z_1+\frac{p_1}{\rho g}\right)+\frac{\alpha v_1^2}{2g}\right]-\left[\left(Z_2+\frac{p_2}{\rho g}\right)+\frac{\alpha v_2^2}{2g}+h_{f1-2}\right]$$

$$=\left[\left(Z_1+\frac{p_1}{\rho g}\right)-\left(Z_2+\frac{p_2}{\rho g}+h_{f1-2}\right)+\frac{\alpha v_1^2}{2g}-\frac{\alpha v_2^2}{2g}\right]$$

$$=\Delta h+\frac{\alpha(v_1^2-v_2^2)}{2g}$$

式中　Z_1、Z_2——1、2 点相对于选定基准面的高度，cm；

p_1、p_2——1、2 点流体压强，Pa；

α——动能修正系数；

ρ——流体密度，g/cm^3；

v_1、v_2——1、2 点流体流速，cm/s；

g——重力加速度；

h_{f1-2}——1 点到 2 点的沿程水头损失，cm；

h_{je}——管道突扩局部阻力损失，cm；

Δh——1 点到 2 点的水头高度差，cm。

其中，1、2 两断面测压管液面高差为：

$$\Delta h=h_1-h_2=\left(Z_1+\frac{p_1}{\rho g}\right)-\left(Z_2+\frac{p_2}{\rho g}+h_{f1-2}\right)$$

式中　h_1、h_2——1、2 点水头高度，cm。

取 $\alpha=1$，则：

$$h_{f1-2}=\frac{1}{2}h_{f2-3}=\frac{h_2-h_3}{2}$$

式中　h_3——3 点水头高度，cm；

h_{f2-3}——2 点到 3 点的沿程水头损失，cm。

突扩局部阻力损失系数（ξ_e），计算方法见式（5-8）。

$$\xi_e=\frac{h_{je}}{\frac{v_1^2}{2g}} \tag{5-8}$$

（2）突然缩小（突缩）

采用四点法计算，下式中 B 点为突缩点，h_{f4-B} 由 h_{f3-4} 换算得出，h_{fB-5} 由 h_{f5-6} 换算得出。

$$h_{js}=\left[\left(Z_4+\frac{p_4}{\rho g}\right)+\frac{\alpha v_4^2}{2g}-h_{f4-B}\right]-\left[\left(Z_5+\frac{p_5}{\rho g}\right)+\frac{\alpha v_5^2}{2g}-h_{fB-5}\right]$$

式中　h_{js}——管道突缩局部阻力损失，cm；

Z_4、Z_5——4、5 点相对于选定基准面的高度，cm；

p_4、p_5——4、5 点流体压强，Pa；

v_4、v_5——4、5 点流体流速，cm/s；

h_{f4-B}——4 点到 B 点的沿程水头损失，cm；

h_{fB-5}——B 点到 5 点的沿程水头损失，cm。

突缩局部阻力损失系数（ξ_s），计算方法见式（5-9）。

$$\xi_s = \frac{h_{js}}{\frac{v_5^2}{2g}} \tag{5-9}$$

三、实验步骤

① 测量记录有关的常数。

② 打开水泵，排除管道中的滞留气体及测压管气体。

③ 打开出水阀门至最大开度，等流量稳定后，记录测压管读数，同时用体积法测量流量。

④ 打开出水阀门开度 3~4 次，分别测定测压管读数和流量。

四、实验数据处理和计算

完成实验后，填写管道局部阻力损失实验结果记录表 1 和管道局部阻力损失实验结果记录表 2，见表 5-6 和表 5-7。

表 5-6　　管道局部阻力损失实验结果记录表 1

序号	体积/cm³	时间/s	流量/(cm³/s)	测压管读数/cm				
				1	2	3	4	5
1								
2								
3								
4								

表 5-7　　管道局部阻力损失实验结果记录表 2

阻力形式	序号	流量/(cm^3/s)	前断面		后断面		局部阻力系数
			$\frac{\alpha v^2}{2g}$/cm	$\sum h_f$/cm	$\frac{\alpha v^2}{2g}$/cm	$\sum h_f$/cm	
突扩	1						
	2						
	3						
	4						
突缩	1						
	2						
	3						
	4						

五、思考题

① 分析比较突扩与突缩在相应条件下的局部阻力损失大小关系。

② 结合流动演示的水力现象，分析局部阻力损失的机理？管道产生突扩与突缩局部阻力损失的主要部位在哪里？怎样减小局部阻力损失？

实验七　孔板流量计实验

一、实验目的

学习并掌握使用孔板流量计测量流量。

二、实验原理

流体流过板孔时，板孔前后产生压力差，起差值随流量而变，且两者之间存在确定的关系，因此可通过测量来测定流量。孔板流量计测试示意图如图 5-9 所示。

对 1、2 两断面列能量方程（水平放置，势能头相等）得：

$$\frac{p_1}{\rho g}+\frac{v_1^2}{2g}=\frac{p_2}{\rho g}+\frac{v_2^2}{2g}+h_\xi$$

$$h_\xi=\xi_0\frac{v_0^2}{2g}$$

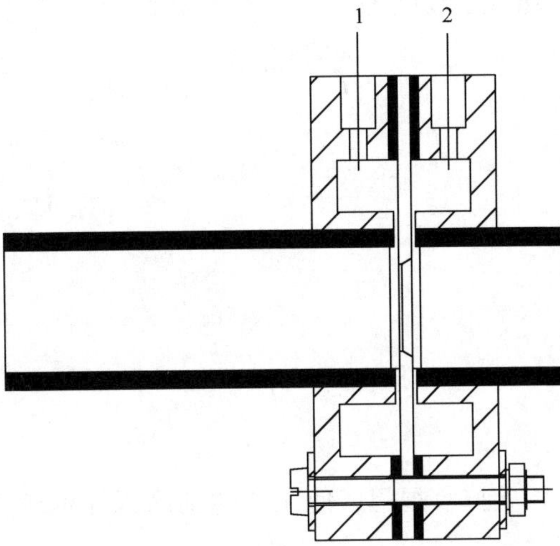

图 5-9　孔板流量计测试示意图

式中　p_1、p_2——1、2 点流体压强，Pa；

v_1、v_2——1、2 点流体流速，cm/s；

ρ——流体密度，g/cm^3；

g——重力加速度；

h_ξ——流经薄壁小孔时的能量损失，cm；

ξ_0——出流局部损失系数；

v_0——流经薄壁小孔的流体流速，cm/s。

列连续性方程：

$$q_V = v_1 A_1 + v_2 A_2$$

式中　q_V——理论流量，m^3/h；

A_1、A_2——1、2 点管道截面积，cm^2。

联立上式：

$$v_2 = \sqrt{\frac{2g\Delta h}{\left(1 - \frac{A_2^2}{A_1^2} + \xi_0\right)}}$$

理论流量的计算方法见式（5-10）。

$$q_V = v_2 A_2 = \frac{A_2}{\sqrt{\left(1 - \frac{A_2^2}{A_1^2} + \xi_0\right)}} \sqrt{2g\Delta h} \tag{5-10}$$

本实验仪器经实验校准，流量计校准流量的计算方法见式（5-11）。

$$q=0.01252\mu d^2\sqrt{\Delta h} \tag{5-11}$$

式中　q——流量计校准流量，m^3/h；

μ——流量修正系数；

d——小孔直径，mm；

Δh——水头高度差，mm。

三、实验步骤

① 测量记录有关常数。

② 打开水泵，调节进水阀门，全开出水阀门，使压差达到测压计可测量的最大高度。

③ 测读压差，同时用体积法测量流量。

④ 逐渐关小进水阀门，读出各测压点的测压高度，共测 3 次。

⑤ 实验过程中若测压管液面波动，应取平均值。

⑥ 调节流量时应缓慢，调节后应稳定一段时间再进行测读。

四、实验数据处理和计算

完成实验后，填写孔板流量计实验结果记录表，见表 5-8。

表 5-8　孔板流量计实验结果记录表

序号	Δh/mm	实际流量/(m^3/h)	μ
1			
2			
3			

实验八　毕托管测速实验

一、实验目的

① 通过测量实际流速，掌握使用毕托管测量点流速的技能。

② 了解普朗特型毕托管的构造和使用性能，并检验其测量精确度，进一步明确传统流体力学测量仪器的现实作用。

二、实验原理

毕托管测点的点流速，计算方法见式（5-12）。

$$u=c\sqrt{2g\Delta h}=k\sqrt{\Delta h} \tag{5-12}$$

式中 u——毕托管测点的点流速，m/s；

c——毕托管的校正系数；

Δh——毕托管全压水头与静水压水头差，cm；

k——毕托管测点的点流速系数。

其中：

$$k=c\sqrt{2g}$$

$$u=\frac{V}{A}$$

联立解以上两式得：

$$k\sqrt{\Delta h}=\frac{V}{A}$$

因此，毕托管测点的点流速系数的计算方法见式（5-13）。

$$k=\frac{V}{A\sqrt{\Delta h}} \tag{5-13}$$

式中 V——流量，由体积法测定，m^3/s；

A——毕托管截面积，m^2。

三、实验步骤

① 测量记录有关常数。

② 打开水泵，调节进水阀门，全开出水阀门，使压差达到测压计可测量的最大高度。

③ 测读压差，同时用体积法测量流量。

④ 逐渐关小进水阀门，读出各测压点的测压高度，共测 3 次。

⑤ 实验过程中若测压管液面波动，应取平均值。

⑥ 调节流量时应缓慢，调节后应稳定一段时间再进行测读。

四、实验数据处理和计算

完成实验后，填写毕托管测速实验结果记录表，见表 5-9。

表 5-9　　毕托管测速实验结果记录表

序号	h_1/cm	h_2/cm	Δh/cm	V/m^3	A/m^2	u/(m/s)	$k=\frac{V}{A\sqrt{\Delta h}}$
1							
2							
3							

实验九　离心泵特性实验

一、实验目的

① 通过实验了解并掌握离心泵扬程、输入功率等特性参数的测定方法。

② 理解离心泵发生汽蚀的原因及危害，掌握离心泵汽蚀余量的测定和计算方法。

二、实验装置

本实验以水泵作为离心泵，离心泵实验台的结构示意图如图 5-10 所示。转速表和秒表自备。

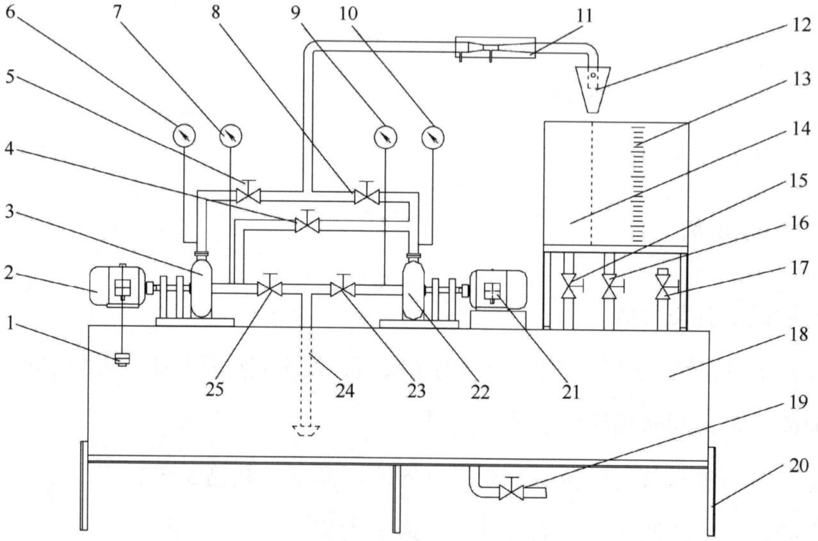

1—平衡砝码；2—电机Ⅰ；3—水泵Ⅰ；4—串联管路及阀门；5—出水阀门（水泵Ⅰ）；6—压力表；7—真空表；8—出水阀门（水泵Ⅱ）；9—真空表；10—压力表；11—文丘里流量计；12—转向漏斗；13—计量水箱；14—调试排空水箱；15—排水阀门；16—测量水箱放水阀；17—进、排气阀门；18—水箱；19—排水阀门；20—实验台支架；21—电机Ⅱ；22—水泵Ⅱ；23—进水阀门（水泵Ⅱ）；24—吸水管；25—进水阀门（水泵Ⅰ）。

图 5-10　离心泵实验台的结构示意图

三、实验原理

离心泵实验台主要由水泵Ⅰ（用以测水泵特性和串并联实验）、水泵Ⅱ（用以测水泵的汽蚀余量和串并联实验）、水箱、文丘里流量计、计量水箱、真空表、压力表、管道和各阀门等组成。水泵Ⅰ的驱动电机工作时，其转子的轴固定在轴承上，而其定子处于悬浮状态。在测定水泵特性曲线时，电机通电，定子和转子产生感应力矩，使转子旋转，进而驱动水泵的叶轮转动。同时，定子也由于反力矩而转动，通过定子上的力臂。其端点顶在电子磅秤上，或在其力臂端点上加砝码使其平衡，从而测定出电机的工作力矩。再用转速表测定电机的转速，也可用电机标牌上给出的转速（误差小于2%），计算水泵的输入功率。

实验时，利用各阀门的开、关和调节，形成水泵Ⅰ的单台泵工作回路，在此回路中，改变流量条件，记录压力表、真空表、文丘里流量计的测压计读数（或利用计量水箱和秒表来计量）、电机转速、力矩力臂所受的平衡力。基于这些数据，即可得出一组水泵的流量 Q、扬程 H、输入功率 P 等数据，进而绘制水泵的 $P-Q$、$H-Q$ 和 $\eta-Q$（η 为水泵的效率）等特性曲线。

进行水泵的汽蚀实验时，利用相应阀门的开、关和调节，形成水泵Ⅱ的单台泵工作回路，并使水箱成为基本封闭的容器。水泵抽水时，使水箱由于水的抽出而产生真空，从而使水泵的进口压力减少，直到发生汽蚀，测出水泵的汽蚀余量。

四、实验步骤

1. 水泵特性实验

① 将水箱注满水。

② 拧开水泵Ⅰ的充水孔盖，向水泵充水，直到泵体内充满水为止（此时，应关闭阀门25）。

③ 关闭阀门23、4、8；打开阀门5。

④ 启动水泵Ⅰ。水泵运转后，即打开阀门25，再关闭阀门5。此时，流量为0，处于空载状态。测定压力表6和真空表7的读数，并测定电机转速（通过转速表读数）和力矩力臂所受的平衡力（或所加的平衡砝码）。

⑤ 打开阀门5至一定开度，水泵开始给水，再测定压力表6、真空表9、文丘里流量计的读数，并测定电机转速和力矩力臂所受的平衡力。水泵的流量也可用计量水箱和

测量时间的工具来测量。

⑥ 逐步开大阀门 5，改变水泵的流量（一般改变 5~8 次），在每一流量下，测量并记录上述实验数据。

⑦ 根据不同流量下的实验数据，绘制水泵的特性曲线。

2. 水泵汽蚀实验

① 将水箱注满水，直至阀门 17 溢出水为止。关闭阀门 17。

② 向水泵Ⅱ充水，此时，应关闭阀门 23。

③ 关闭阀门 25、4、5、15，打开阀门 8、16。

④ 启动水泵Ⅱ，水泵运转后，即打开阀门 23。

⑤ 调节阀门 8，调至某一流量。

⑥ 在此流量下，将阀门 16 由开启向关闭方向逐步调节，使水箱内的真空度逐步增大，每调节一次，均要测定文丘里流量计、真空表 9 和压力表 10 的读数。继续调节阀门 16，直至压力表 10 的指针发生剧烈颤动或急剧下降（即发生汽蚀）。这样，可以读出一组实验数据，并确定在此流量下的汽蚀余量。

⑦ 将阀门 8 调至另一个开度，重复上述步骤，进行 3~5 个流量下的实验，测得 3~5 组实验数据，即可绘制水泵的汽蚀特性曲线。

五、实验数据处理和计算

1. 实验数据计算

（1）H-Q 曲线

根据实验内容要求，在相应位置建立能量方程。利用阀门调节流量，测定 Q、H 的数值。Q 用计量水箱和秒表测定，H 的计算方法见式（5-14）。

$$H=M+V+Z+\frac{v_2^2-v_1^2}{2g} \tag{5-14}$$

式中 H——扬程，MPa，换成水柱高，m；

M——压力表读数，MPa，换算成水柱高，m；

V——真空表读数，MPa，换算成水柱高，m；

Z——压力表至真空表接出点之间的高度，m；

v_1、v_2——水泵进、出口流速，m/s。

一般进口和出口管径相同，因此 $d_2=d_1$，$v_2=v_1$，所以：

$$\frac{v_2^2-v_1^2}{2g}=0$$

逐次改变阀门的开度，测得不同的流量和其相应的水头，在 $H-Q$ 坐标系中得到相应的若干测点，将这些点光滑地连接起来，即可得水泵的 $H-Q$ 曲线。

（2）$P-Q$ 曲线

测定水泵在不同流量 Q_1 时的输入功率 P_1（为电机的输出功率），绘制 $P-Q$ 曲线。

水泵的输入功率，计算方法见式（5-15）。

$$P_1=M_1\omega_1=F_1L\frac{2\pi n_1}{60}=(G_1-G_0)L\frac{2\pi n_1}{60} \tag{5-15}$$

式中 M_1——相应工况下的感应力矩，N · m；

ω_1——相应工况下水泵（电机）的旋转角速度，rad/s；

n_1——相应工况下水泵（电机）的转速，r/min；

F_1——相应工况下的力臂上的作用力，kg；

L——砝码力臂，m；

G_1——相应工况下的砝码质量，kg；

G_0——空转情况下平衡时的初始砝码质量，kg。

逐次改变阀门的开度，测得不同流量和其相应水泵的输入功率，在 $P-Q$ 坐标系中得到相应的若干测点，将这些点光滑地连接起来，即可得水泵的 $P-Q$ 曲线。

（3）$\eta-Q$ 曲线

利用 $H-Q$ 和 $P-Q$ 曲线，任取一个 Q_1 可以得出相应的 H_1 和 P_1，由此可得该流量下相应的 η_1，计算方法见式（5-16）。

$$\eta_1=\frac{\gamma Q_1H_1}{102\cdot P_1} \tag{5-16}$$

式中 η_1——效率；

γ——水的容重，N/m³；

H_1——相应工况下的扬程，MPa，换成水柱高，m。

取若干个流量，并求得相应扬程和输入功率，即可算出其相应的效率，在 $\eta-Q$ 坐标系中可光滑地连出水泵的 $\eta-Q$ 曲线。

2. 实验数据记录

完成实验后，填写离心泵特性实验结果记录表和离心泵汽蚀特性实验结果记录表，见表 5-10 和表 5-11。

表 5-10 离心泵特性实验结果记录表

序号	压力表读数/MPa	真空表读数/MPa	砝码质量/kg	游码质量/kg	砝码力臂/m	游码力臂/m	转速/(r/min)	流量/(m^3/s)	扬程/m	输入功率/W	效率
1											
2											
3											
4											
5											
6											
7											
8											

表 5-11 离心泵汽蚀特性实验结果记录表

流量/(m^3/s)					
汽蚀余量/m					

六、注意事项

① 水箱应保持清洁明亮。

② 文丘里流量计的测压计应注意防尘，以免影响测量精确度。不用时，应盖上塑料布或特制小盖。

③ 易锈零部件应注意防锈。

第六章 供暖通风与空气调节实验

通过本章的学习，可以进一步巩固课堂所学暖通空调的基本专业知识，熟悉常用的空气调节系统、供暖系统、制冷机组的基本结构、组成部分、工作原理。掌握暖通空调设备常用参数的检测方法和常见空调过程的分析计算方法。

实验一 循环式空调过程实验

一、实验目的

① 加深理解集中式空气调节系统不同循环形式（直流式、循环式和一次回风式）的空气调节过程。

② 加深理解不同季节的室内和室外环境以及空气调节的全部过程。

③ 学习观测空气调节中的各种工况，测量和控制调节空气的温度、湿度。

二、实验装置

本实验装置为整体组装，主要由风管、风机、电加热器、电加湿器、表面式冷却器、淋水式冷却器、制冷压缩机、冷冻水泵等组成。本实验装置配有测量风量的孔板流量计、倾斜式微压计，测量各断面的干、湿球温度和测量冷却器进、出水温度的显示系统。

循环式空调过程实验装置示意图如图 6-1 所示。

1. 主要性能参数

① 空气流量。$L_{max}=120m^3/h$。

② 一次加热器。1000W，两组，共 2000W。

③ 二次加热器。1000W，两组，共 2000W。

④ 电加湿器的水蒸气发生器（电热式）。1500W，四组，共 6000W。

⑤ 冷冻水系统。冷冻水温由制冷系统及仪表控制，可维持在 5℃左右，冷却水流量可调节大小，制冷系统制冷量 3. 5kW，制冷工质 F22。

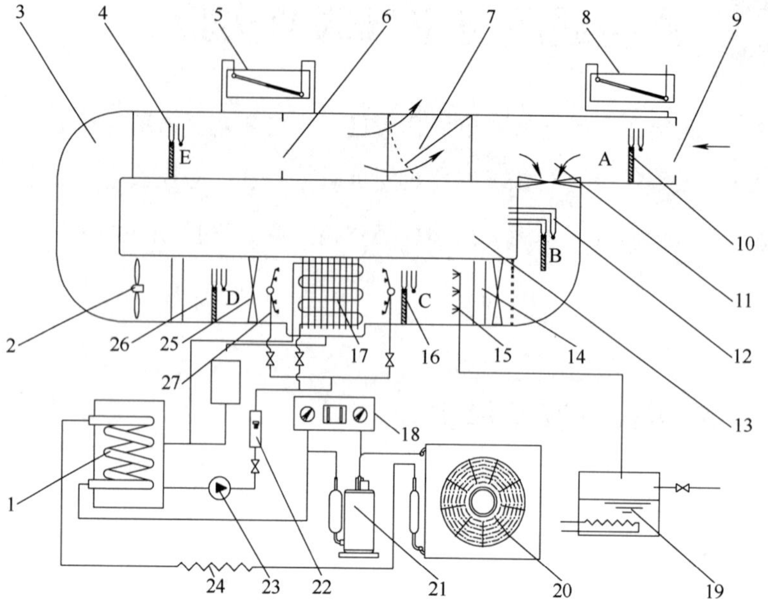

1—钛包式蒸发器；2—风机；3—风管；4—E 区干、湿球温度测点；5—倾斜式微压计；6—排风孔板流量计；
7—新风、回风混合器；8—倾斜式微压计；9—新风孔板流量计；10—A 区干、湿球温度测点；11—整流孔板；
12—B 区干、湿球温度测点；13—控制面板；14—电加热器；15—电加湿器；16—C 区干、湿球温度测点；
17—表面式冷却器；18—高低压表及高低压保护继电器；19—水蒸气发生器；20—风冷冷凝器；
21—制冷压缩机；22—冷冻水流量计；23—冷冻水泵；24—膨胀阀；25—挡水板；
26—D 区干、湿球温度测点；27—淋水式冷却器。

图 6-1　循环式空调过程实验装置示意图

⑥ 使用电源。工作电压 220V（50Hz）；压缩机功率 1200W。

2. 模拟工况说明

通过对调风阀门的调节，可以模拟直流式空气调节系统（阀门全开）、循环式空气调节系统（阀门全闭）和一次回风式空气调节系统。装置设有一次电加热器和二次电加热器，可以对空气进行加热升温；设置电加湿器，可以对空气进行加湿；设置冷却器（表面式或淋水式），可以对空气进行冷却降温和除湿。冷却水由制冷系统制得。所有测温系统都采用热电偶测量，并以数字形式显示。

实验中，可以利用实验装置模拟不同季节的室内和室外空气环境（在非冬季条件下模拟冬季室外环境有困难），并经合理运行调节，加以测试和分析。

夏季的室外空气一般是高温、高湿，模拟夏季实验时，空气调节系统的作用主要是降温和除湿。在空调装置中，B 区为新风（直流式时），或回风（循环式时），或新风和回风的混合状态（一次回风式时），可通过加热、加湿处理，并根据干、湿球温度的测量，调节模拟进风参数。C 区即为进入空调的参数。空气流经表面式冷却器和淋水式冷却器降温除湿后，经二次加热器加热，至所要求的参数，最后送到被调房间 E 区。

三、实验步骤

① 预习实验指导书，详细了解实验装置各部分的作用，掌握集中空气调节系统不同循环方式的空气来源及空气调节系统的组成部分。

② 熟悉各测量仪表的安装使用方法。测温热电偶的冷端为室温，显示仪表已补偿；调整倾斜式微压计为水平状态。使用干、湿球测量相对湿度时，应在湿球上注水。

③ 使水蒸气发生器水箱充满水，以保证其用水（蒸馏水）。

④ 模拟工况的选择，主要分三种：

a. 模拟直流式空气调节系统及测定。直流式空气调节系统将来自室外的空气经热湿处理后送到空调房间，吸收余热余湿后全部排出室外，即系统的风量等于排风量，$G_i = G_d$，如图 6-2 所示。

要求：利用实验装置模拟室外环境，如图 6-2 虚线框内所示，可模拟夏季室外环境。选择一种适用于夏季、一种适用于冬季的处理方案，把室外空气处理到某送风状态，调节至一定风量进行运行测定。计算空气在空气调节系统中的热量、湿量得失。将夏季、冬季空气处理过程分别在焓湿图（$h-d$）上表示，并加以说明。提出直流式空气调节系统的优缺点。

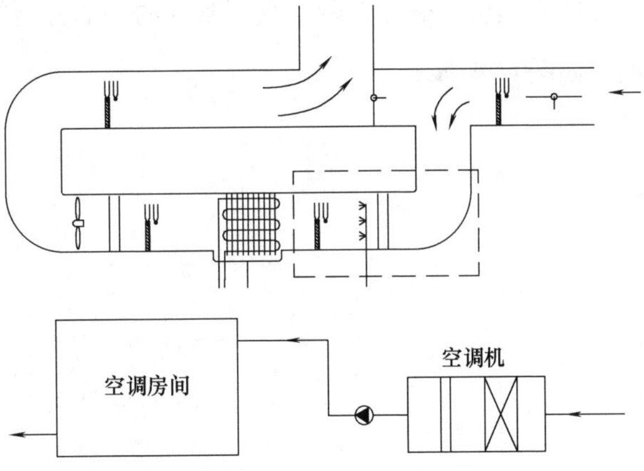

图 6-2　模拟直流式空气调节系统示意图

b. 模拟循环式空气调节系统及测定。循环式空气调节系统把来自空调房间的空气经热湿处理后再送回房间，而没有室外空气补入空气调节系统。即空调房间和空气处理装置及送风、回风管路构成了一个循环系统，如图 6-3 所示。

要求：模拟夏季室外环境，如图 6-3 虚线框内所示。选择空气处理方案，拟定室内空气状态参数，调节一定风量进行运行并测定。计算室内余热、余湿及热湿比。计算

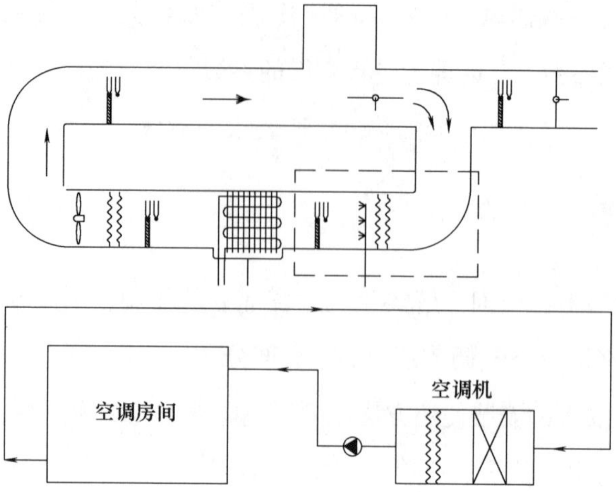

图 6-3　模拟循环式空气调节系统示意图

空气在空气调节系统中的热量、湿量得失，将处理过程在 $h-d$ 图上表示并说明。提出循环式空气调节系统的优缺点。

c. 模拟一次回风式空气调节系统及测定。由前面的实验我们知道，循环式空气调节系统卫生条件差，而直流式空气调节系统在经济上又是不合理的，两种系统都是在特定条件下使用的。为满足卫生要求，又较为经济合理，一般采用一次回风式空气调节系统，即把空调房间的一部分空气与室外的一部分新鲜空气混合，经热湿处理后送到空调房间，如图 6-4 所示。

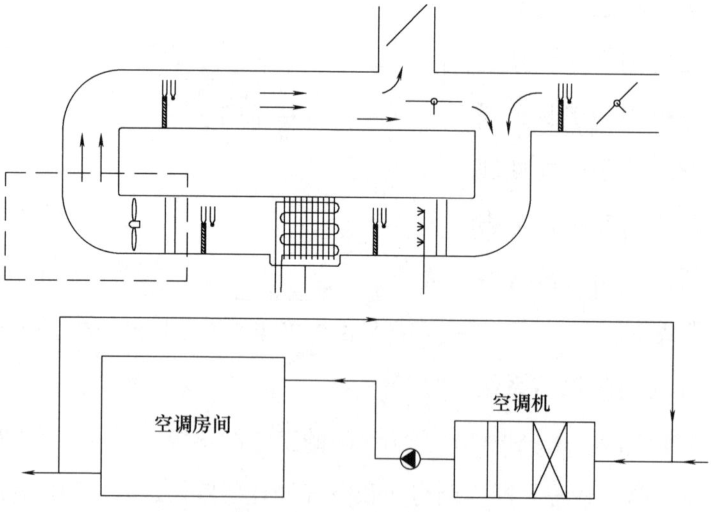

图 6-4　模拟一次回风式空气调节系统示意图

要求：模拟冬季室外环境，如图 6-4 虚线框内所示。选择空气处理方案，拟定室内空气状态参数，调节一定风量和新风百分比，进行运行并测定。计算室内余热、余湿及热湿比。计算空气在处理系统中的热量、湿量得失，将处理过程在 h–d 图上表示并说明。

d. 还可做改变风量运行调节实验，使用风机变频器或进出风口的调风阀门改变风量。

⑤ 进行测试。按所模拟的工况，有选择地启用制冷压缩机及冷冻水泵。调节所选择工况中对应的电加热器和电加湿器，待系统达到要求条件并稳定后，开始实验测定。对空气进行冷却处理时，应先启动制冷压缩机，待冷冻水降至所设定温度后，再启动冷冻水泵。测试结束后，先关闭电加热器、电加湿器、冷冻水泵及制冷压缩机，调节至最大风门及最大风量，运行 5min 左右，关闭电源总开关，切断电源。

四、实验数据处理和计算

1. 仪表相关常数

进口倾斜式微压计 k_1：________（见标定值）

出口倾斜式微压计 k：________（见标定值）

新风孔板流量计 α_1：________（见标定值）

排风孔板流量计 α：________（见标定值）

孔板流量计直径 d：0. 19m

2. 实验数据计算

（1）风量

① 当用倾斜式微压计测动压时，新风孔板流量计压力差的计算方法见式（6-1）。

$$\Delta p_1 = kl \tag{6-1}$$

式中　Δp_1——新风孔板流量计压力差，Pa；

k——倾斜式微压计系数；

l——倾斜式微压计水柱高度，m。

② 进口空气流速，计算方法见式（6-2）。

$$v_1 = \alpha_1 \sqrt{\frac{2\Delta p_1}{\rho_1}} \tag{6-2}$$

式中　v_1——进口空气流速，m/s；

ρ_1——进口空气密度，kg/m^3；

α_1——仪表系数。

③ 进口空气质量流量，计算方法见式（6-3）。

$$G_1=\frac{\pi d_1^2}{4}v_1\rho_1 \tag{6-3}$$

式中 G_1——进口空气质量流量，m^3/s；

d_1——进口风管直径，m。

④ 出口空气流速，计算方法见式（6-4）。

$$v_3=\alpha\sqrt{\frac{2\Delta p_3}{\rho_3}} \tag{6-4}$$

式中 v_3——出口空气流速，m/s；

Δp_3——排风孔板流量计压力差，Pa；

α——仪表系数；

ρ_3——出口空气密度，kg/m^3。

⑤ 出口空气质量流量，计算方法见式（6-5）。

$$G_3=\frac{\pi d_3^2}{4}v_3\rho_3 \tag{6-5}$$

式中 G_3——出口空气质量流量，m^3/s；

d_3——出口风管直径，m。

（2）空气在各处理过程中的热量

① 系统的空气热量，计算方法见式（6-6）。

$$Q=\Delta hG \tag{6-6}$$

式中 Q——系统的空气热量，kJ/kg；

G——系统的空气风量 ，kg/s；

Δh——空气焓差，kJ/kg。

② 空气焓值，计算方法见式（6-7）。

$$h=1.01t+(2500+1.84t)d \tag{6-7}$$

式中 h——空气焓值，kJ/kg；

t——干球温度,℃；

d——含湿量，g/kg 干空气。

③ 含湿量，计算方法见式（6-8）。

$$d=0.622\frac{\varphi p_{q,b}}{p_0-\varphi p_{q,b}} \tag{6-8}$$

式中 φ——相对湿度,%；

p_0——大气压力，Pa；

$p_{q,b}$——干球温度下空气的饱和蒸汽分压力，Pa。

④ 相对湿度，计算方法见式（6-9）。

$$\varphi=\frac{p'_{q,b}-A(t-t_s)p_0}{p_{q,b}} \tag{6-9}$$

式中　A——与风速有关的系数；

$p'_{q,b}$——湿球温度下空气的饱和蒸汽分压力，Pa；

t_s——湿球温度，℃。

⑤ 与风速有关的系数，计算方法见式（6-10）。

$$A=0.00001\left(65+\frac{6.75}{v}\right)=0.00001\left(65+\frac{6.75}{\frac{v_a}{S}}\right)\text{或}A=0.000667 \tag{6-10}$$

式中　v——空气比体积，m^3/kg；

v_a——风速，m/s；

S——计算管段截面积（$0.25m^2\times0.25m^2$），m^2。

在 $h-d$ 图上表示各空气的处理过程，如图 6-5 所示。

（3）风机、制冷压缩机耗电功率

风机、制冷压缩机耗电功率的计算方法见式（6-11）。

$$P_e=IU\cos\psi \tag{6-11}$$

式中　P_e——风机、制冷压缩机耗电功率，kW；

I——风机、制冷压缩机工作电流，A；

U——风机、制冷压缩机工作电压，V；

$\cos\psi$——电机功率因数，风机 $\cos\psi=1$，制冷压缩机 $\cos\psi=0.8$。

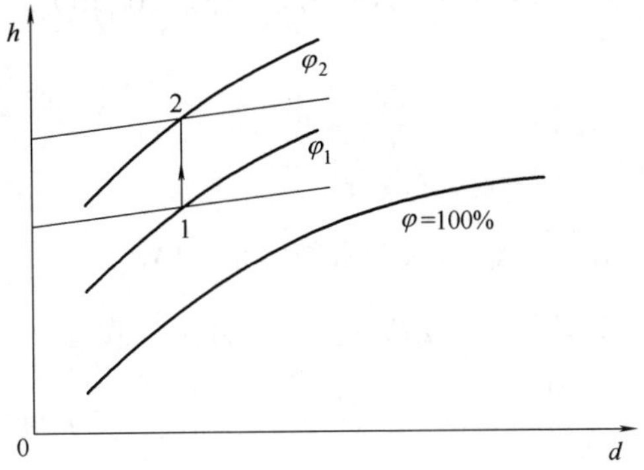

图 6-5　$h-d$ 图上表示各空气处理过程

（4）加热、加湿设备的热平衡

① 电加热功率，计算方法见式（6-12）。

$$P=IU \tag{6-12}$$

式中　P——电加热器加热功率，kW；

I——电加热器电流值，A；

U——电加热器电压值，V。

② 风管单位时间的散热量，计算方法见式（6-13）。

$$Q_1 = K_1 S_1 \Delta t \tag{6-13}$$

式中 Q_1——风管单位时间的散热量，W；

K_1——风管传热系数，一般室内 $K_1 = 3 \sim 5 \text{W/m}^2$；

S_1——风管内两个测温断面之间的散热面积，即测温断面之间的中心长度×风管周长（实测），m^2；

Δt——风管内外的空气温差，℃。

③ 电加湿器单位时间的散热量，计算方法见式（6-14）。

$$Q_2 = K_2 S_2 (100 - t) \tag{6-14}$$

式中 Q_2——电加湿器单位时间的散热量，W；

K_2——电加湿器传热系数，一般室内 5W/m^2；

S_2——电加湿器外表面散热面积，m^2；

t——环境温度，℃。

④ 制冷系数，计算方法见式（6-15）。

$$e = \frac{Q'}{P_e} \tag{6-15}$$

式中 e——制冷系数；

Q'——制冷压缩机制冷量，kW。

⑤ 效能比（EER），计算方法见式（6-16）。

$$EER = \frac{Q'}{P_e} \tag{6-16}$$

此指标考虑到驱动电机效率对耗能的影响，以单位电机输入功率的制冷量大小进行评价，该指标多用于全封闭制冷压缩机。

⑥ 热平衡误差。

风管散热造成的热平衡误差（Δ_1），计算方法见式（6-17）。

$$\Delta_1 = \frac{P - Q_1}{P} \times 100\% \tag{6-17}$$

电加湿器散热造成的热平衡误差（Δ_2），计算方法见式（6-18）。

$$\Delta_2 = \frac{P - Q_2}{P} \times 100\% \tag{6-18}$$

（5）空气湿球温度修正

在测定空气湿球温度时，风速要大于3.5m/s，如不满足这一测定条件，应对湿球进行修正。湿球温度修正曲线图如图6-6所示。

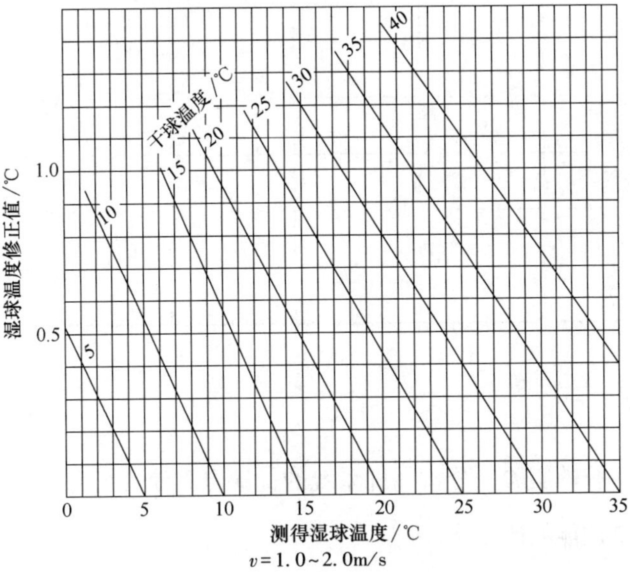

图6-6　湿球温度修正曲线图

3. 实验数据记录

完成实验后，填写动压及大气压测定实验数据记录表，干、湿球温度测定实验数据记录表，实验数据整理表，见表6-1至表6-3。

表6-1　　动压及大气压测定实验数据记录表

测量次数	倾斜式微压计水柱高度/mm						大气压力/MPa
	工况1(直流式)		工况2(循环式)		工况3(一次回风式)		
	进口	出口	进口	出口	进口	出口	
初始值							
1							
2							
3							
平均值							

表6-2　　干、湿球温度测定实验数据记录表

测量次数	工况1(直流式)				工况2(循环式)				工况3(一次回风式)			
	干球温度/℃		湿球温度/℃		干球温度/℃		湿球温度/℃		干球温度/℃		湿球温度/℃	
	进口	出口	进口	出口	进口	出口	进口	出口	进口	出口	进口	出口
初始值												
1												
2												
3												
平均值												

表 6-3　　实验数据整理表

计算物理量	工况 1(直流式)		工况 2(循环式)		工况 3(一次回风式)	
	进口	出口	进口	出口	进口	出口
干球温度/℃						
湿球温度/℃						
相对湿度/%						
含湿量/(g/kg干空气)						
空气焓值/(kJ/kg)						
空气焓差/(kJ/kg)						

五、思考题

① 根据三种系统的实验，分析三种系统的优缺点和使用场合。

② 分析影响空调能耗的因素。

实验二　中央空调模拟实验

一、实验目的

① 通过模拟中央空调夏天制冷、冬天制热的空气调节运行工况，熟悉中央空调各循环系统的组成、功能及其运行过程。

② 加深对所学课程知识的理解。

二、实验装置

中央空调模拟实验台示意图如图 6-7 所示。

1. 供冷系统

供冷系统由制冷系统和载冷循环系统两部分组成。制冷系统由制冷压缩机、压力表、高低压保护开关、冷凝器、储液罐、电磁阀、液视镜、膨胀阀、毛细管和蒸发器等组成。载冷循环系统由冷凝载体管道、循环水泵、冷却塔、制冷载体管道、文丘里流量计、表冷器等组成。

2. 供热系统

供热系统由电热锅炉、文丘里流量计、散热器（表冷器）、膨胀水箱和循环水泵等组成。

3. 空气调节系统

空气调节系统由电加热器、表冷器、喷淋加湿器、通风机、通风管道、送风口、空调房间、回风口、回风调节阀、新风调节阀等组成。

4. 控制系统

控制系统由总电源开关，制冷压缩机开关、电压表、电流表，电热锅炉开关、电压表、电流表，各个电器部分的开关、保险、指示灯，巡检仪，RS232 接口和采集卡接口（有微机接口时）等组成。

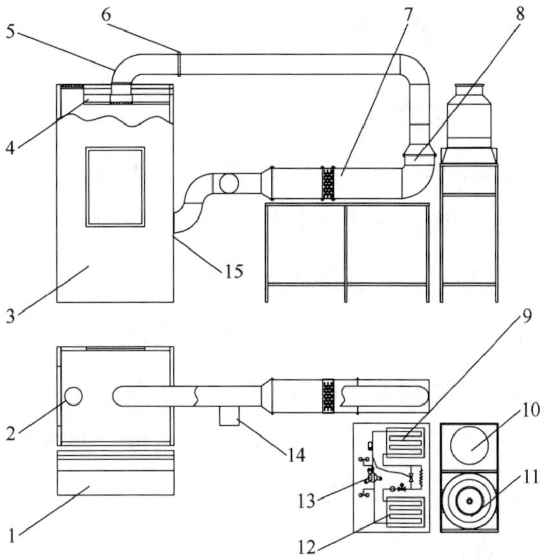

1—控制台及运行工况演示板；2—空调房间排风；3—空调房间；4—空调房间风室；5—送风管；6—笛形管；7—空气热湿处理工段；8—管道送风机；9—冷凝器及其水箱；10—电热锅炉、膨胀水箱、循环水泵组成的供热水系统；11—冷却塔、冷却水泵、冷却塔风机组成的冷却水系统；12—蒸发器及其水箱；13—制冷压缩机等组成的制冷系统；14—新风口及调节装置；15—回风管。

图 6-7 中央空调模拟实验台示意图

5. 运行工况演示板

运行工况演示板的主要部件共分为 5 个循环系统：空调风循环系统、制冷压缩机等组成的制冷系统、冷冻水循环系统、冷却水系统和供热水系统。用不同颜色的高光二极管表示流体的流动及方向，当启动相应的设备电源时，即同时启动了演示板上的电源。

6. 测量系统

① 制冷压缩机功率通过测量其电压、电流，并进行计算完成。

② 制冷量通过测量载冷循环系统的流量、温差等参数，并进行计算完成。

③ 供热量通过测量其电压、电流及载热循环系统的流量、温差参数，并进行计算完成。

④ 系统的空调风量通过笛形管测量动压，并进行计算完成；温度由镍铬-铜镍热电偶测量，湿度由湿度传感器测量，这些数据通过巡检仪显示，由采集卡进行采集和处理。

三、实验步骤

1. 准备工作

蒸发器水箱内充入接近饱和的盐水直至淹没铜管以上，启动冷却水泵，观察水位是否正常，否则调整至正常水位，关闭冷却水泵电源；向冷凝器水箱内充满水，启动冷却水泵，观察水位是否正常，否则调整至正常水位，关闭冷却水泵电源；向电热锅炉水箱内充水，并注意排气，约至膨胀水箱的三分之一位置为止，启动循环水泵，观察水位是否正常，否则调整至正常水位，关闭循环水泵电源；接好文丘里流量计及笛形管的测压管，注意不要接反；闭合总电源及温度控制器开关，观察各个测温点的温度是否正常，否则进行相应调整至正常后，启动运行。

2. 制冷

观察制冷压缩机的压力是否正常。如正常，首先闭合总电源开关，再打开制冷压缩机电源开关，启动冷凝器水箱循环水泵。当蒸发器水箱内液体温度接近实验要求时，启动冷凝器水箱循环水泵。最后，闭合风机电源开关。

根据实验要求和空气参数，进行加湿、加热空气的参数调整。

3. 供热

启动电热锅炉，温度达到实验要求后，启动热水循环水泵。根据实验要求温差和空气参数，进行加湿、加热空气的参数调整。

4. 工况的调节

① 加湿时首先满负荷加热，当有蒸汽产生时，马上关掉不可调节的电加热器，使用可调节的电加热器进行相对湿度的调节，不可使空气相对湿度达到饱和，否则将对湿度传感器不利。启动计算机（或人工）对工况参数进行监视，工况稳定后进行数据采集、处理。

② 电热锅炉加热时，同样先满负荷加热，当温度达到 60℃左右时，使用可调节的电加热器进行温度的调节，以达到稳定工况运行。

③ 空调房间内设有排风孔和回风调节阀，可以调节回风量和参数。

④ 新风调节阀可以调节新风量和混合风的参数。

⑤ 当水温度低于 4℃时，计算机将关闭制冷压缩机的运行，也可以用操作板面上的启动开关来关闭，以免冻坏蒸发管。当水温度高于 75℃时，计算机将关闭电热锅炉的运行，也可以用操作板面上的启动开关来关闭，以免表冷器在高温下运行。

四、实验数据处理和计算

1. 实验数据计算

（1）制冷压缩机功率

制冷压缩机功率，计算方法见式（6-19）。

$$P_{el}=P_c=UI \tag{6-19}$$

式中　P_{el}——制冷压缩机功率，W；

P_c——制冷压缩机输入功率，W；

U——电压（使用变送输出电压表测量），V；

I——电流（使用变送输出电流表测量），A。

（2）循环风量

在循环风量测量中，使用笛形管方法测动压，人工测量时用倾斜式微压计进行操作，计算机采集使用差压变送器。

断面平均流速，计算方法见式（6-20）。

$$v_f=\alpha\sqrt{\frac{2p_d}{\rho_f}} \tag{6-20}$$

式中　v_f——笛形管断面平均流速，m/s；

p_d——笛形管断面平均动压，Pa；

ρ_f——空气密度（由测定的空气温度查出），kg/m^3；

α——笛形管修正系数，$\alpha=1.08$。

循环风量，计算方法见式（6-21）。

$$G_f=\rho_f v_f A=\rho_f v_f\frac{\pi D^2}{4} \tag{6-21}$$

式中　G_f——循环风量，kg/s；

A——笛形管断面截面积，m^2；

D——笛形管断面直径，m。

（3）循环水流量

在循环水流量的测量中，使用文丘里流量计测动压，人工测量时用差压计进行操作，计算机采集使用差压变送器。断面平均流速的计算方法见式（6-22）。

$$v_s=\alpha_s\sqrt{\frac{2p_{ds}}{\rho_s}} \tag{6-22}$$

式中 v_s——文丘里管断面平均流速，m/s；

p_{ds}——文丘里管断面平均动压，Pa；

ρ_s——循环水密度（由测定的水温度查出），kg/m^3；

α_s——文丘里管修正系数，$\alpha_s=0.96$ 。

循环水流量，计算方法见式（6-23）。

$$G_s=\rho_s v_s A=\rho_s v_s \frac{\pi d^2}{4} \tag{6-23}$$

式中 G_s——循环水流量，kg/s；

A——文丘里管断面截面积，m^2；

d——文丘里管断面直径，$d=8\times10^{-3}$m。

（4）温度

使用镍铬-铜镍热电偶测量温度。使用琴键开关切换测点，温度显示仪表显示温度。使用计算机采集系统的用户，巡检仪显示的数据可在计算机显示器界面上采集。

2. 实验数据记录

完成实验后，填写制冷工况实验数据记录表、制冷空气参数记录表、供热工况实验数据记录表和供热空气参数记录表，见表6-4至表6-7。

表6-4 制冷工况实验数据记录表

工况序号	项目					
	电压/V	电流/A	蒸发器进口温度/℃	蒸发器出口温度/℃	文丘里流量计压差/Pa	文丘里管断面直径/m
1						
2						
3						

表6-5 制冷空气参数记录表

工况序号	项目										
	新风温度/℃	新风湿度/%	回风温度/℃	回风湿度/%	表冷器进口温度/℃	表冷器进口湿度/%	表冷器出口温度/℃	表冷器出口湿度/%	送风温度/℃	送风湿度/%	笛形管压差/Pa
1											
2											
3											

表 6-6　　供热工况实验数据记录表

工况序号	项目					
	电压/V	电流/A	供水温度/℃	回水温度/℃	文丘里流量计压差/Pa	文丘里管断面直径/m
1						
2						
3						

表 6-7　　供热空气参数记录表

工况序号	项目										
	新风温度/℃	新风湿度/%	回风温度/℃	回风湿度/%	表冷器进口温度/℃	表冷器进口湿度/%	表冷器出口温度/℃	表冷器出口湿度/%	送风温度/℃	送风湿度/%	笛形管压差/Pa
1											
2											
3											

五、思考题

① 空气调节有哪几种方式？各有什么特点？

② 根据本实验装置的配置情况，画出各个工况的流程图。

③ 中央空调系统的形式有哪些？其特点是什么？

实验三　供暖系统演示实验

一、实验目的

① 了解常见的供暖系统形式，掌握系统中各部件的作用及连接方式，巩固课堂学习的知识。

② 了解热水在系统及散热器中的流动情况和规律。

③ 了解系统中存在空气对热水循环带来的影响，认识排除系统中存在空气的重要性和相关排气措施。

二、实验装置

供暖系统演示实验装置示意图如图 6-8 所示。

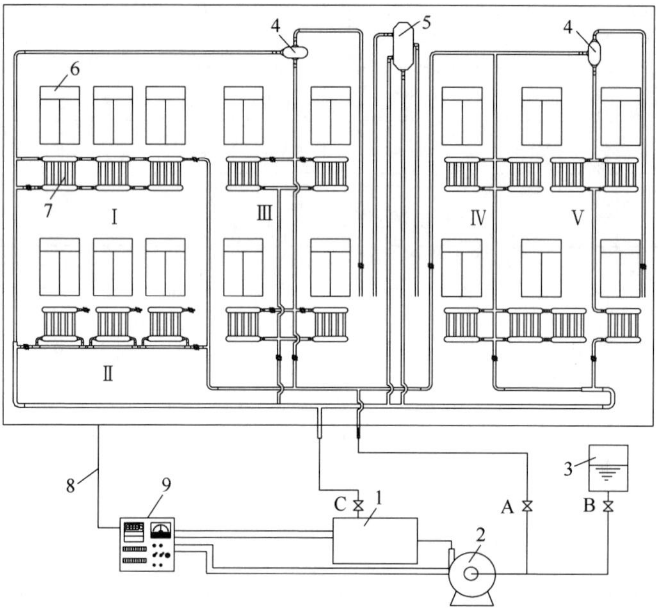

1—电热锅炉；2—循环水泵；3—给水箱；4—集气罐；5—膨胀水箱；6—模拟窗；7—散热器；8—20 点测温总线；9—控制柜；Ⅰ—水平式单管顺流式系统；Ⅱ—水平式单管跨越式系统；Ⅲ—垂直式单管顺流式系统；Ⅳ—垂直式单管跨越式系统；Ⅴ—双管系统；A、B、C—阀门。

图 6-8　供暖系统演示实验装置示意图

三、实验步骤

1. 系统充水与排气

系统工作前，先将水充满给水箱，然后打开阀门 B 和 C，同时启动循环水泵，向系统充水。充水时，不断地开闭集气罐的放气阀门，让系统的空气从集气罐和膨胀水箱中排出，待充水到一定程度，当集气罐的溢流管有水流出时，关闭集气罐的溢流管阀门，水位继续上升，当自来水从膨胀水箱的溢流管流出时，停止充水。若水位下降，就再次充水，直到水位在溢流管处为止。

当水位有所下降时，应分析其原因：系统内是否可能仍有空气存在；系统、设备、管道及阀门是否有漏水现象。

演示中，应注意观察：

① 在充水过程中，上供下回及下供上回式系统是怎样排气的？

② 如不排除系统中存在的空气，对系统的正常运行有何影响？

2. 自然循环演示

开启电热锅炉，在系统充水后，电热锅炉投入工作（应打开回水管上的阀门），这时循环水泵不工作。

演示时，应注意观察：

① 水中空气从溶解状态变成游离状态，气泡的聚集及浮升，并理解排气的重要性。

② 观察水在系统中的循环状态，加深对重力压头的理解。

③ 膨胀水箱及各部分管道的作用。

应注意：自然循环现象不明显，不易清楚地观察到。

3. 机械循环演示

系统充满水后，启动电热锅炉，加热系统中的水，关闭阀门 B，打开阀门 A，热水在循环水泵的作用下，沿供水管进入散热器，并通过散热器将热量散放到采暖房间。降温后的水从散热器流出，沿回水管进入循环水泵加压，流回电热锅炉再加热。

演示中，应注意观察：

① 机械循环和自然循环相比，水在系统中的流动状态有什么异同？

② 在带跨越管的单立管中，热水流量的分配情况如何？

4. 停止演示运行

四、思考题

① 膨胀水箱的底为什么比排气设备的底要高？水被加热后，膨胀水箱有什么变化？为什么？

② 膨胀水箱有几根连接管？各起什么作用？每根连接管上是否都可以装阀门？

③ 在带有跨越管的单立管中，什么原因导致单立管的部分流量能通过散热器？

④ 本演示实验中，室内热水供暖系统有几种连接方式？画出各种连接方式的原理图，并简述其特点。

⑤ 简述本演示系统排除空气的几种方式，并画出简图。

⑥ 热水供暖系统投入运行后，何时要排气？

实验四　热网水力工况实验

一、实验目的

① 了解热网水压的变化情况，巩固热网水力工况计算的基本原理。

② 掌握热网水力工况的分析方法，验证热网水压图，理解热网水力工况的理论。

二、实验装置

热网水力工况实验装置由稳压罐、模拟锅炉、水泵、水箱、定压水箱等组成，用来模拟由 5 个用户组成的热网。上半部有定压水箱和安装在一块垂直木板上的 10 根玻璃管，玻璃管的顶端与大气相通，玻璃管下端用胶管与网路分支点相接，用来测量用户连接点处的供水干管与回水干管的测压管水头（水压曲线高度）。每组用户的两支玻璃管间附有标尺以便读出各点压力。热网水力工况实验装置示意图如图 6-9 所示。

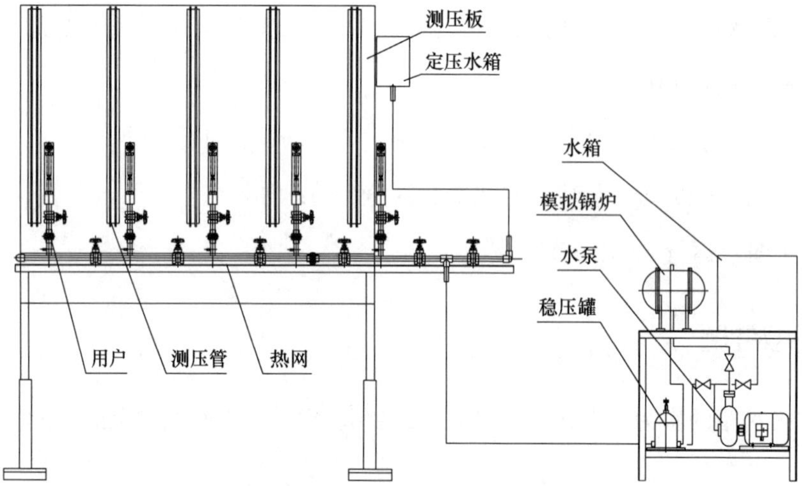

图 6-9　热网水力工况实验装置示意图

三、实验步骤

阀门操作系统示意图如图 6-10 所示。图 6-10 中 1、2、3、4、5 分别代表位于热网不同位置的阀门，A、B 代表位于水泵前后的阀门，O 代表位于锅炉前的阀门，C、D、E、F、G 分别代表位于热网中不同位置的用户。

① 正常水压图。启动水泵，缓慢打开阀门 A、O，水由水泵经模拟锅炉、稳压罐后，一部分进入供水干管、用户、回水干管；另一部分进入高位水箱。待系统充满水，打开阀门 B，同时关闭阀门 A，保持水箱水位稳定，调节各阀门，以增加或减少管段的阻力，使各节点之间有适当的压差，待系统稳定后，记录各点的压力和流量，并以此绘制正常水压图。

② 关小供水干管中阀门 1 时的水压图。将阀门 1 关小些，这时热网中总流量将减少，供水干管与回水干管的水速降低，单位压力将减少，此时水压图比正常工况时平坦些。在阀门 1 处压力突然降低，阀门 1 以前的用户，由于自用水头增加，流量都有所增加，越接近阀门 1 的用户增加越多，阀门 1 以后的各用户流量将减少，减少的比例相同。即所谓一致等比失调，记录各点压力、流量。绘制新水压图，与正常水压图进行比较，并记录各用户流量的变化程度。

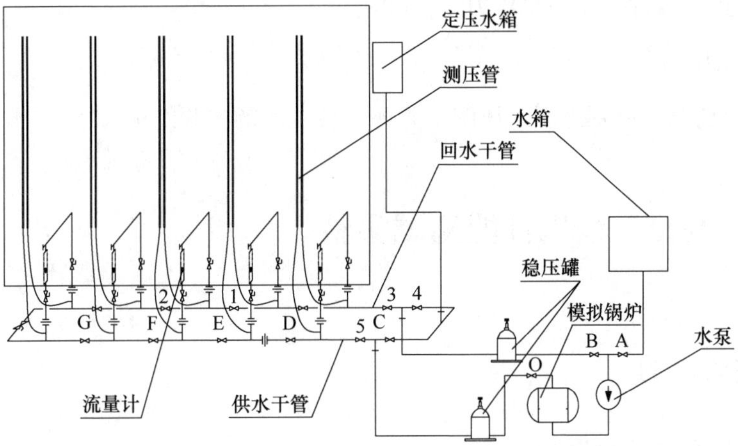

图 6-10　阀门操作系统示意图

③ 关闭用户 E 时的水压图。将阀门 1 恢复原状，各点压力一般不会恢复到原来的读数位置，不一定强求符合原来的正常水压图。关闭阀门 2，记录新水压图各点的压力、流量。

④ 关小阀门 3 时的水压图。将阀门 2 恢复到原来的位置，把阀门 3 关小，记录新水压图各点的压力、流量。

⑤ 阀门 3 恢复到原来的位置，打开阀门 4，关闭阀门 5，观察网路各点的压力变化情况，即回水定压。

⑥ 关闭阀门 4，打开阀门 5，观察热网各点的压力变化情况，即给水定压。

⑦ 实验完毕，关闭阀门 A、B，停止水泵运行。

四、实验数据处理和计算

1. 记录压力读数

2. 实验数据计算

水力失调度，计算方法见式（6-24）。

$$x=\frac{V_s}{V_{g'}}=\sqrt{\frac{\Delta p_{变}}{\Delta p_{正常}}} \tag{6-24}$$

式中 x——水力失调度；

V_s——实际流量，kg/s；

$V_{g'}$——正常条件下流量，kg/s；

$\Delta p_{变}$——实际热网总压力差，kPa；

$\Delta p_{正常}$——正常条件下热网总压力差，kPa。

3. 绘制水压图

根据实验情况，分别绘制水压图，并评价各工况的实验结果。

实验五　制冷压缩机性能测试实验

一、实验目的

① 了解制冷循环系统的组成。

② 测定制冷压缩机性能（制冷量、功率等）。

③ 分析影响制冷压缩机性能的因素。

二、实验装置

实验采用制冷压缩机性能实验台（Ⅲ型），其蒸发器、冷凝器均为水换热器。水流量使用文丘里流量计测量，人工采集数据时使用差压计，计算机采集数据时使用液体差压变送器。温度采用铂电阻 Pt100 测量，人工采集的数据使用琴键转换开关显示仪表读值，计算机采集的数据使用琴键转换开关转换测点。制冷压缩机性能测试实验装置示意图如图 6-11 所示。

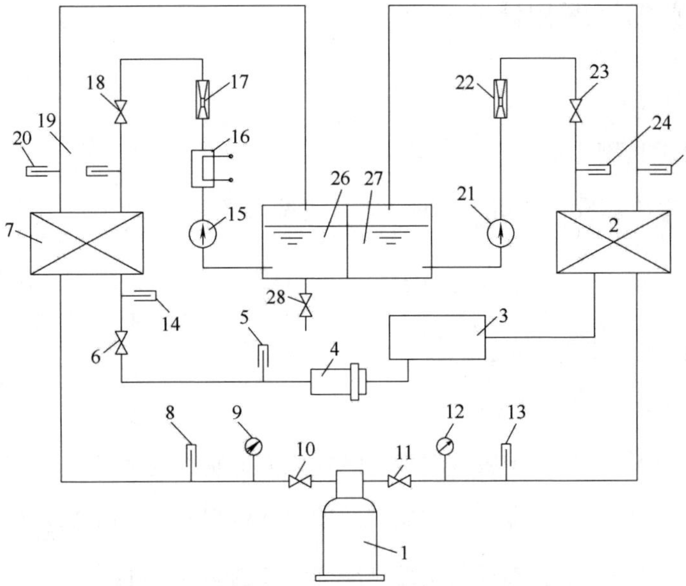

1—制冷压缩机；2—冷凝器；3—储液罐；4—干燥器；5—节流阀前温度计；6—节流阀；7—蒸发器；
8—吸气温度；9—吸气压力；10—吸气截止阀；11—排气截止阀；12—排气压力；13—排气温度；
14—节流阀后温度计；15—蒸发器冷载体水泵；16—加热器；17—流量计；18—调节阀；
19—蒸发器前温度计；20—蒸发器后温度计；21—冷凝器载体水泵；22—流量计；23—调节阀；
24—冷凝器前温度计；25—冷凝器后温度计；26、27—水箱；28—排水阀。

图 6-11　制冷压缩机性能测试实验装置示意图

三、实验步骤

① 实验前准备。预习实验指导书，详细了解实验装置各部分的作用，掌握制冷系统的操作规程和制冷工况的调节方法，熟悉各测试仪表的安装使用方法。

② 按安装使用说明书规定方法启动水循环系统及制冷循环系统。

③ 按指导教师要求调节实验工况。

④ 待工况稳定后测定蒸发压力、冷凝压力、吸气温度、排气温度、过冷温度、蒸发器和冷凝器进出水温度及流量、电机平衡力矩、制冷压缩机转速等参数。

⑤ 待三次记录数据均在稳定工况要求范围内，该工况测试即告结束。改变工况，重复上述实验。

⑥ 实验结束后，按规定方法停止系统工作。

四、实验数据处理和计算

1. 实验数据计算

（1）制冷压缩机制冷量

对开启式制冷压缩机，其制冷量的计算方法见式（6-25）。

$$Q=Q_1\frac{i_1-i_7}{i_f-i_6}\cdot\frac{v_1}{v_1'}\cdot\frac{n_1}{n_2} \tag{6-25}$$

式中　Q——制冷压缩机制冷量，kW；

Q_1——蒸发器换热量，kW；

i_1——在制冷压缩机规定吸气温度、吸气压力下制冷剂蒸气的焓，kJ/kg；

i_7——在规定的过冷温度下，节流阀前液体制冷剂的焓，kJ/kg；

i_f——在实验条件下，离开蒸发器制冷剂蒸气的焓，kJ/kg；

i_6——在实验条件下，节流阀前液体制冷剂的焓，kJ/kg；

v_1——制冷压缩机实际吸气温度、吸气压力下制冷剂蒸气的比体积，m^3/kg；

v_1'——在制冷压缩机规定吸气温度、吸气压力下制冷剂的比体积，m^3/kg；

n_1——制冷压缩机的实际转速，r/min；

n_2——制冷压缩机的额定转速，r/min。

蒸发器换热量，计算方法见式（6-26）。

$$Q_1=G_1c(t_1-t_2) \tag{6-26}$$

式中　G_1——载冷剂（水）的流量，kg/s；

c——载冷剂（水）的比热容，kJ/(kg·℃)；

t_1、t_2——载冷剂（水）的进、出口温度,℃。

在实验中，封闭式制冷压缩机可以认为：

$$i_1=i_7,\ i_f=i_6,v_1=v_1',n_1=n_2,Q=Q_1$$

（2）制冷压缩机功率

对于封闭式制冷压缩机，其功率的计算方法见式（6-27）。

$$P_e=IU \tag{6-27}$$

式中　P_e——制冷压缩机功率，kW；

I——制冷压缩机电流，A；

U——制冷压缩机电压，V。

(3) 制冷压缩机参数

① 制冷系数 (e),计算方法见式 (6-15)。

② 效能比 (EER),计算方法见式 (6-16)。

(4) 热平衡误差

① 冷凝器换热量,计算方法见式 (6-28)。

$$Q_2 = G_L c(t_3 - t_4) \tag{6-28}$$

式中 Q_2——冷凝器换热量,kW;

G_L——冷凝器水的流量,kg/s;

t_3、t_4——冷凝水的进、出口温度,℃。

② 热平衡误差 (Δ),计算方法见式 (6-29)。

$$\Delta = \frac{Q_1 - (Q_2 - P_e)}{Q_1} \times 100\% \tag{6-29}$$

2. 实验数据记录

完成实验后,填写制冷压缩机制冷量实验结果记录表、蒸发器换热量实验结果记录表和冷凝器换热量实验结果记录表,见表 6-8 至表 6-10。

表 6-8 制冷压缩机制冷量实验结果记录表

时间	I/A	U/V	P_e/kW	i_1/(kJ/kg)	i_7/(kJ/kg)	i_f/(kJ/kg)	i_6/(kJ/kg)	v_1/(m³/kg)	v_1'/(m³/kg)	Q/(kJ/s)
平均										

表 6-9 蒸发器换热量实验结果记录表

时间	G_1/(kg/s)	t_1/℃	t_2/℃	Q_1/(kJ/s)
平均				

表 6-10　　冷凝器换热量实验结果记录表

时间	G_L/(kg/s)	t_3/℃	t_4/℃	Q_2/(kJ/s)
平均				

五、思考题

分析实验结果，指出影响制冷压缩机性能的因素。

第七章 燃料燃烧特性实验

常用的燃料燃烧特性指标主要包括工业分析成分（水分、灰分、挥发分、固定碳）和发热量。工业分析成分和发热量是反映燃料品质的重要参数，也是锅炉和灰渣系统设计以及锅炉燃烧调整的重要依据。通过本章实验，可以进一步熟悉和巩固燃料燃烧特性的基本概念，学会燃料工业分析和发热量的测试方法以及相关仪器设备的使用方法，掌握比较复杂的实验操作技能，学会合理设计实验过程，有效减少实验误差。

实验一 水分的测定

一、实验目的

了解燃料中水分的存在形态，掌握燃料中水分的测定方法。

二、实验设备

① 干燥箱。箱体严密，具有较小的自由空间，有气体进出口，并带有自动控温装置，能保持温度在 105~110℃。

② 玻璃称量瓶。直径 40mm，高 25mm，并带有严密的磨口盖，如图 7-1 所示。

③ 干燥器。内装变色硅胶或粒状无水氯化钙。

④ 分析天平。精确度 0.0001g。

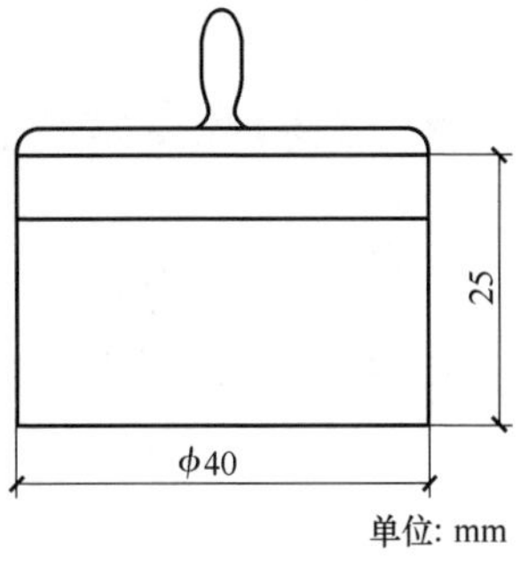

图 7-1 玻璃称量瓶示意图

三、实验原理

燃料中水分的存在形态有两种：一种为游离水，是以机械的方式吸附或者附着在燃料中的水分；另一种为化合水，是以化合的方式与燃料中矿物质结合的水。前者是燃料在开采、运输、储存、处理过程中附着在燃料表面及大毛细孔（直径大于 10^{-9}cm）中的水分；后者则是吸附或凝聚在燃料内表面毛细孔（直径大于 10^{-5}cm）中的水分。游离水可以在温度稍高于 100℃

的条件下，经足够的时间加热以全部除去，而化合水则要在200℃以上的条件下才能分解析出。

燃料工业分析中所测定的水分一般分为应用基的水分和分析基的水分。应用基指已准备好并即将使用（如进入锅炉燃烧）的燃料，分析基是指在周围环境条件下大致达到水分平衡的风干燃料。水分测定最常用的方法是间接测定法，即将已知一定质量的燃料放在一定温度下干燥到恒重，燃料所减少的质量即为燃料的水分。工业分析中燃料的水分是指燃料在105℃左右干燥至恒重所失去的质量占原质量的百分数。

四、实验步骤

① 在预先干燥并已称量过的玻璃称量瓶内，称取粒度小于0.2mm的空气干燥试样(1±0.1)g（简称试样），称准至0.0002g，平摊在玻璃称量瓶中。

② 打开玻璃称量瓶的磨口盖，放入预先鼓风并已加热到105~110℃的干燥箱中。在一直鼓风的条件下，干燥1~1.5h。注意：预先鼓风是为了使温度均匀。将装有试样的玻璃称量瓶放入干燥箱前3~5min开始鼓风。

③ 从干燥箱中取出玻璃称量瓶，立即盖上盖，放入干燥器中冷却至室温（约20min）后称量。

④ 进行检查性干燥，每次30min，直到连续两次干燥后的质量减少不超过0.0010g或质量增加时为止。在后一种情况下，采用质量增加前一次的质量为计算依据。水分在2.00%以下时，不必进行检查性干燥。

五、实验数据处理和计算

1. 实验数据计算

试样的水分，计算方法见式（7-1）。

$$M_{ad}=\frac{m_1}{m}\times 100 \tag{7-1}$$

式中 M_{ad}——试样的水分，%；

m——干燥前试样的质量，g；

m_1——干燥后失去的质量，g。

2. 实验数据记录

完成实验后，填写水分测定实验结果记录表，见表7-1。

表 7-1　　水分测定实验结果记录表

测试项目	第一次测量值	第二次测量值	第三次测量值
干燥前试样的质量/g			
玻璃称量瓶的质量/g			
第一次干燥后试样的质量(包含玻璃称量瓶)/g			
第二次干燥后试样的质量(包含玻璃称量瓶)/g			
第三次干燥后试样的质量(包含玻璃称量瓶)/g			
试样中水分的质量/g			

六、思考题

实验测得试样的水分与其真实水分有什么差别?

实验二　灰分的测定

一、实验目的

了解燃料中灰分的来源，燃料中矿物质在灰分测定过程中的变化，掌握燃料中灰分的测定方法。

二、实验设备

① 马弗炉。炉膛具有足够的恒温区，能将温度保持在（815±10）℃。炉后壁的上部带有直径为 25~30mm 的烟囱，下部离炉膛底 20~30mm 处有一个插热电偶的小孔，炉门上有一个直径为 20mm 的通气孔。马弗炉的恒温区应在关闭炉门下测定，并至少每年测定一次，高温计（包括毫伏计和热电偶）至少每年校准一次。

② 灰皿。瓷质，长方形（底长 45mm，底宽 22mm，高 14mm），如图 7-2 所示。

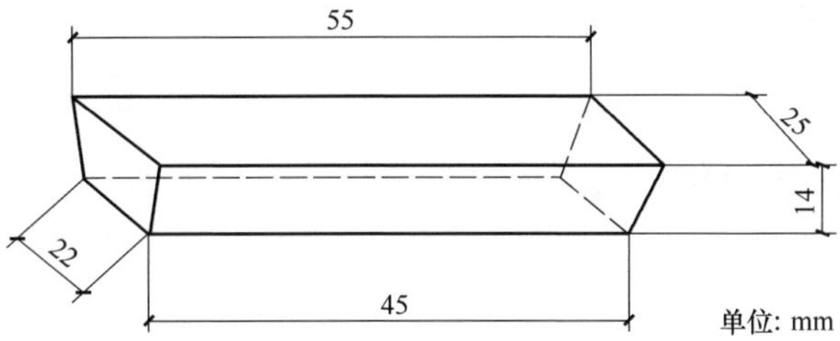

图 7-2　灰皿示意图

③ 干燥器。内装变色硅胶或粒状无水氯化钙。

④ 分析天平。精确度 0.0001g。

⑤ 耐热瓷板或石棉板。

三、实验原理

燃料中的灰分是在温度为（815±10）℃条件下燃料中的可燃物完全燃烧，矿物质在空气中经过一系列复杂的化学反应后剩余的残渣。燃料中的灰分来自矿物质，但其组成和质量与矿物质不完全相同，是一定条件下的产物。由于燃料中矿物质的真实含量很难测定，所以常用灰分产率这一指标，并借助一定的数学式，计算出燃料中矿物质含量的近似值。燃料的灰分测定步骤为：称取一定量的空气干燥试样（简称试样），放入马弗炉中，以一定的速度加热到（815±10）℃，灰化并灼烧到质量恒定。以残留物的质量占试样质量的百分数作为试样的灰分产率。

四、实验步骤

① 在预先灼烧至质量恒定的灰皿中，称取粒度小于 0.2mm 的试样（1±0.1）g，称准至 0.0002g，均匀地摊平在灰皿中，使其每平方厘米的质量不超过 0.15g。

② 将灰皿送入炉温不超过 100℃的马弗炉恒温区中，关上炉门并使炉门留有 15mm 左右的缝隙。

③ 在不少于 30min 的时间内将炉温缓慢升至 500℃，并在此温度下保持 30min，继续升温到（815±10）℃，并在此温度下灼烧 1h。

④ 取出灰皿，放在耐热瓷板或石棉板上，在空气中冷却 5min 左右，移入干燥器中冷却至室温（约 20min）后称量。

⑤ 进行检查性灼烧，每次 20min，直到连续两次灼烧后的质量变化不超过 0.001g 为止。以最后一次灼烧后的质量为计算依据。灰分低于 15.00%时，不必进行检查性灼烧。

五、实验数据处理和计算

1. 实验数据计算

试样的灰分，计算方法见式（7-2）。

$$A_{ad}=\frac{m_1}{m}\times 100 \tag{7-2}$$

式中 A_{ad}——试样的灰分，%；

m——灼烧前试样的质量，g；

m_1——灼烧后残留物的质量，g。

2. 实验数据记录

完成实验后，填写灰分测定实验结果记录表，见表 7-2。

表 7-2 灰分测定实验结果记录表

测试项目	第一次测量值	第二次测量值	第三次测量值
灼烧前试样的质量/g			
灰皿的质量/g			
第一次灼烧后试样的质量（包含灰皿）/g			
第二次灼烧后试样的质量（包含灰皿）/g			
第三次灼烧后试样的质量（包含灰皿）/g			
试样中灰分的质量/g			

六、思考题

① 为什么说实验测得试样的灰分实际上是试样的灰分产率？

② 为什么测定灰分的马弗炉要带烟囱？并规定在 500℃时停留 30min？

实验三 挥发分的测定

一、实验目的

了解燃料中挥发分的来源，掌握燃料中挥发分的测定方法。

二、实验设备

① 坩埚。带有配合严密盖的坩埚，高 40mm，上口外径 33mm，底外径 18mm，壁厚 1.5mm，盖的外径 35mm，盖槽的外径 29mm，外槽深 4mm，坩埚总质量 15~19g，如图 7-3 所示。

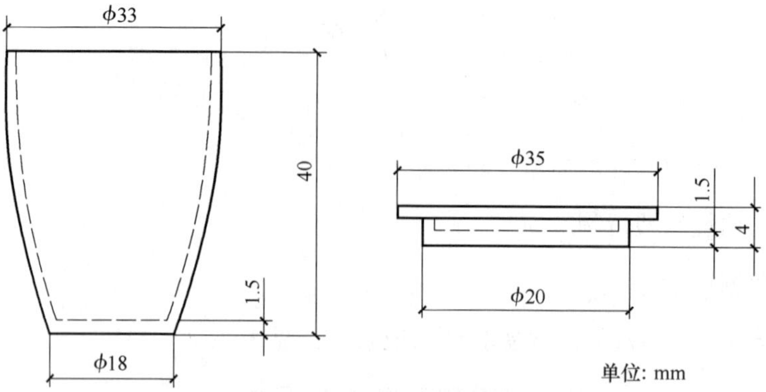

图 7-3　坩埚示意图

② 马弗炉。带有高温计和调温装置，能保持温度在（900±10）℃，并有足够的恒温区（900±5）℃。当起始温度为 920℃时，放入室温下的坩埚架和若干坩埚，关闭炉门后，在 3min 内恢复到（900±10）℃。炉后壁有一个排气孔和一个插热电偶的小孔。小孔位置应使热电偶插入炉内后的热接点在坩埚底和炉底之间，距炉底 20~30mm 处。马弗炉的恒温区应在关闭炉门下测定，并至少每年测定一次，高温计（包括毫伏计和热电偶）至少每年校准一次。

③ 坩埚架。用镍铬丝或其他耐热金属丝制成，其规格尺寸应能使所有的坩埚都在马弗炉的恒温区内，并且坩埚底部紧邻热电偶热接点上方，如图 7-4 所示。

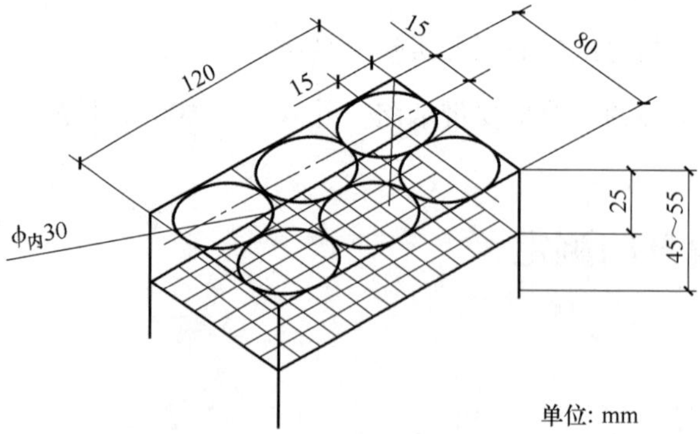

图 7-4　坩埚架示意图

④ 坩埚架夹。如图 7-5 所示。

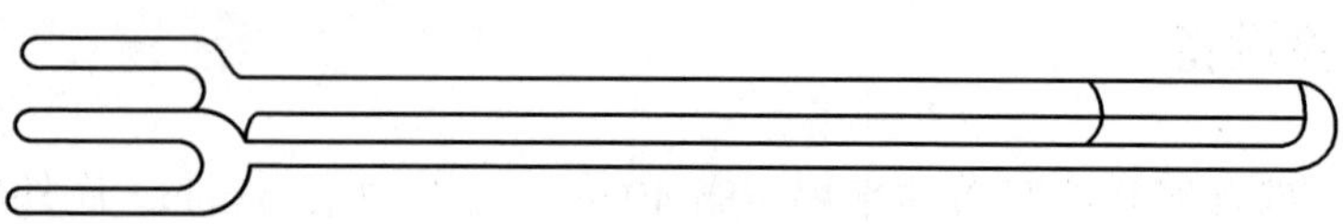

图 7-5　坩埚架夹示意图

⑤ 干燥器。内装变色硅胶或粒状无水氯化钙。

⑥ 分析天平。精确度 0.0001g。

⑦ 压饼机。螺旋式或杠杆式压饼机，能压制直径约 10mm 的煤饼。

⑧ 秒表。

三、实验原理

燃料在温度为（900±10）℃的条件下隔绝空气加热 7min，分解出来的气体状态产物的百分率减去燃料所含水分称为燃料的挥发分，残留下来的不挥发的固体物质称为焦渣（或称焦饼）。焦渣的百分率减去灰分则为固定碳的百分率。挥发分不是燃料中固有的物质，而是在特定条件下燃料中的有机物质受热分解的产物。燃料在隔绝空气的条件下加热时，有机物质会发生热分解，燃料中的矿物质也会发生相应的变化。一般情况下，矿物质分解而产生的影响不大，可以不加考虑，但如果燃料中碳酸盐含量大时，因碳酸盐分解产生的误差必须加以校正。燃料的挥发分测定是规范性很强的一项实验，测定结果完全取决于规定的实验条件，其中加热温度和加热时间最为主要。

四、实验步骤

① 在预先于 900℃温度下灼烧至质量恒定的坩埚中，称取粒度小于 0.2mm 的空气干燥试样（1±0.01）g（简称试样），称准至 0.0002g，然后轻轻振动坩埚，使试样摊平，盖上盖，放在坩埚架上。如果试样为褐煤和长焰煤，则应预先压饼，并切成约 3mm 的小块。

② 将马弗炉预先加热至 920℃左右。打开炉门，迅速将放有坩埚的坩埚架送入恒温区，立即关上炉门并计时，准确加热 7min。坩埚及坩埚架放入后，要求炉温在 3min 内恢复至（900±10）℃，此后保持在（900±10）℃，否则此次实验作废。加热时间包括温度恢复时间。

③ 从马弗炉中取出坩埚，放在空气中冷却 5min 左右，移入干燥器中冷却至室温（约 20min）后称量。

五、焦渣特征分类

测定挥发分所得焦渣特征，按下列规定加以区分：

① 粉状。全部是粉末，没有相互黏着的颗粒。

② 黏着。用手指轻碰即成粉末或基本上是粉末，其中较大的团块轻轻一碰即成

粉末。

③ 弱黏结。用手指轻压即成小块。

④ 不熔融黏结。用手指用力压才裂成小块，焦渣上表面无光泽，下表面稍有银白色光泽。

⑤ 不膨胀熔融黏结。焦渣形成扁平的块，煤粒的界线不易分清，焦渣上表面有明显银白色金属光泽，下表面银白色光泽更明显。

⑥ 微膨胀熔融黏结。用手指压不碎，焦渣的上、下表面均有银白色金属光泽，但焦渣表面具有较小的膨胀泡（或小气泡）。

⑦ 膨胀熔融黏结。焦渣上、下表面有银白色金属光泽，明显膨胀，但高度不超过 15mm。

⑧ 强膨胀熔融黏结。焦渣上、下表面有银白色金属光泽，焦渣高度大于 15mm。

六、实验数据处理和计算

1. 实验数据计算

试样的挥发分，计算方法见式（7-3）。

$$V_{ad}=\frac{m_1}{m}\times100-M_{ad} \tag{7-3}$$

式中 V_{ad}——试样的挥发分，%；

m——称取试样的质量，g；

m_1——隔绝空气加热后减少的质量，g；

M_{ad}——试样的水分，%。

2. 实验数据记录

完成实验后，填写挥发分测定实验结果记录表，见表 7-3。

表 7-3 挥发分测定实验结果记录表

测试项目	第一次测量值	第二次测量值	第三次测量值
称取试样的质量/g			
坩埚的质量/g			
试样加热 7min 后的质量(包含坩埚质量)/g			
试样中挥发分的质量/g			

七、思考题

① 燃料的挥发分为什么不能叫挥发分含量？

② 如果燃料种类为煤炭，固定碳和煤炭的变质程度有什么关系？

实验四　发热量的测定

一、实验目的

发热量是反映燃料品质的重要指标，在燃烧设备的设计和改造工作中，发热量是组织设备热平衡，计算燃烧物料平衡等各种参数和设备选择的重要依据。通过本实验可以了解氧弹热量计的原理、基本构造和使用方法，学会用其测定燃料的发热量。

二、实验设备

1. 氧弹热量计

氧弹热量计由氧弹、内筒、外筒、搅拌器、温度测量和控制系统以及备用水箱构成，如图 7-6 所示。目前最常用的氧弹热量计是恒温式氧弹热量计，其量热系统被包围在充满水的双层夹套（外筒）中。氧弹热量计在每次实验中必须详细给出规定的参数，包括温升、冷却校正值（恒温式）、有效热容量、样品质量、点火热和其他附加热。由此进行的所有计算都能人工验证。氧弹热量计的精密度和精确度要求为：测试精密度要满足 5 次苯甲酸测试结果的相对标准差不大于 0.2；精确度要确保标准试样测试结果与标准值之差都在不确定度范围内，或者用苯甲酸作为样品进行 3 次发热量测定，其平均值与标准热值之差不超过 50J/g。除燃烧不完全的结果外，所有的测试结果都不能随意舍弃。

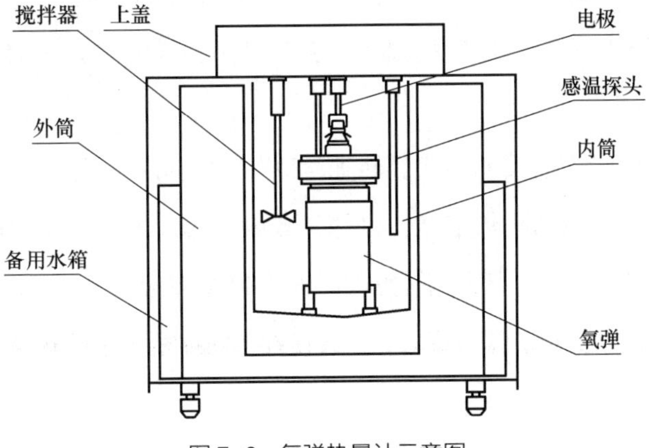

图 7-6　氧弹热量计示意图

（1）氧弹

氧弹由耐热、耐腐蚀的镍铬或镍铬钼合金钢制成，需要具备3个主要性能：不受燃烧过程中出现的高温和腐蚀性产物的影响而产生热效应；能承受充氧压力和燃烧过程中产生的瞬时高压；实验过程中能保持完全气密。

弹筒容积为250~350mL，弹头上应装有供充氧和排气的阀门以及点火电源的接线电板。新氧弹和新换部件（弹筒、弹头、连接环）的氧弹应经20.0MPa的水压试验，证明无问题后方能使用。此外，应经常注意观察与氧弹强度有关的结构，如弹筒和连接环的螺纹、进气阀门、出气阀门、电极与弹头的连接处等，若发现显著磨损或松动，应进行修理，并经水压试验合格后再用。氧弹还应定期进行水压试验，每次水压试验后，氧弹的使用时间一般不应超过2年。

（2）内筒

内筒用紫铜、黄铜或不锈钢制成，断面可为椭圆形、菱形或其他适当形状。筒内装水2000~3000mL，以能浸没氧弹（进、出气阀门和电极除外）为准。内筒外面应高度抛光，以减少与外筒间的辐射作用。

（3）外筒

外筒为金属制成的双壁容器，并有上盖。外壁为圆形，内壁形状则依内筒的形状而定，外筒应完全包围内筒，内筒与外筒间应有10~12mm的间距，外筒底部有绝缘支架，以便放置内筒。在整个实验过程中，自动控温式外筒的水温变化应控制在±0.1K以内；非自动控温式外筒（静态式外筒）盛满水后的热容量应不小于氧弹热量计热容量的3倍，以便保持实验过程中外筒温度基本恒定。具体而言，当冷却常数约为0.0020min^{-1}时，从试样点火到末期结束时的外筒温度变化应小于0.16K；当冷却常数约为0.0030min^{-1}时，此温度变化应小于0.11K。外筒外面可加绝缘保护层，以减少室温波动的影响。用于监测外筒温度的温度计，其最小分度值应为0.1K。

（4）搅拌器

搅拌器分为螺旋桨式或其他形式，转速400~600r/min为宜，并应保持恒定。搅拌器轴杆与外界应采用有效的隔热措施，以尽量减少量热系统与外界的热交换。搅拌器的搅拌效率应能使热容量标定由点火到终点的时间不超过10min，同时又要避免产生过多的搅拌热（当内、外筒温度和室温一致时，连续搅拌10min所产生的热量不应超过120J）。

（5）量热温度计

用于内筒温度测量的量热温度计至少应有0.001K的分辨率，以便能以0.002K或更好的分辨率测定 2～3K 的温升。此类量热温度计代表的绝对温度应能达到近 0.1K，并在其测量的每个温度变化范围内都是线性或线性化的。所有量热温度计均应经过计量部门的检定，证明已达到上述要求。有两种类型的量热温度计可供选择：

① 玻璃水银温度计。常用的玻璃水银温度计有两种：一种是固定测温范围的精密温度计；另一种是可变测温范围的贝克曼温度计。两者的最小分度值为 0.01K。使用时应根据计量机关检定证书中的修正值做必要的校正。为了满足所需要的分辨率，需要使用 5 倍的放大镜来读取温度，为防止水银柱在玻璃上的黏滞，通常需要一个机械振荡器来敲击玻璃水银温度计。如果没有机械振荡器，在读取温度前应人工敲击玻璃水银温度计。

② 数字显示温度计。数字显示温度计可代替传统的玻璃水银温度计，其由诸如铂电阻、热敏电阻以及石英晶体共振器等配备合适的电桥、零点控制器、频率计数器或其他电子设备构成，它们应能提供符合要求的分辨率，短期重复性应该为 0.001K 或更好。线性温度传感器在发热量测定中引起的偏离比非线性温度传感器小。

2. 附属设备

(1) 燃烧皿

铂制品是最理想的燃烧皿材料，而在一般应用中，可用镍铬钢制品。燃烧皿的规格为：高 17～18mm，底部直径 19～20mm，上部直径 25～26mm，厚 0.5mm。也可使用其他合金钢或石英制的燃烧皿，以能保证试样燃烧完全而本身又不受腐蚀和产生热效应为原则。

(2) 压力表和氧气导管

压力表由两个表头组成，一个指示氧气瓶中的压力，一个指示充氧时氧弹内的压力。表头上应装有减压阀和保险阀。压力表每两年应经计量部门检定一次，以保证指示正确和操作安全。

(3) 点火装置

点火采用 12～24V 的电源，可由 220V 交流电源经变压器供给，线路中应串接一个调节电压的变阻器和一个指示点火情况的指示灯或电流计。点火电压应预先试验确定，方法为：接好点火丝，在空气中通电试验，在熔断式点火的情况下，调节电压，使点火丝在 1～2s 内达到亮红；在棉线点火的情况下，调节电压，使点火丝在 1～3s 内达到亮红；电压和时间确定后，应准确测出电压、电流和通电时间，以便计算电能产生的热量。若采用棉线点火，则在遮火罩以上的两电极柱间连接一段直径约为 0.3mm 的镍铬丝，丝的中部预先绕成数圈螺旋状，以便发热集中。

（4）压饼机

螺旋式、杠杆式或其他形式的压饼机，能压制直径 10mm 的苯甲酸饼。

三、实验原理

单位质量的试样在充有过量氧气的氧弹内燃烧，其燃烧产物组成为氧气、氮气、二氧化碳、硝酸、硫酸、液态水以及固态灰时放出的热量称为弹筒发热量。任何物质（包括煤）的燃烧热都会随燃烧产物的最终温度而改变，温度越高，燃烧热越低。因此，一个严密的发热量定义应对燃烧产物的最终温度有所规定（ISO 1928 规定为 25℃）。但在实际发热量测定时，由于具体条件的限制，把燃烧产物的最终温度限定在一个特定的温度或一个很窄的范围内都是不现实的。温度每升高 1K，煤和苯甲酸的燃烧热降低 0.4~1.3J/g。当按规定在相近的温度下标定热容量和测定发热量时，温度对燃烧热的影响可近于完全抵消，而不必考虑。

燃料的发热量可以在氧弹热量计中进行测定。一定量的燃料在氧弹热量计中，在充有过量氧气的氧弹中燃烧，氧弹热量计的热容量通过在相近条件下燃烧一定量的基准量热物苯甲酸来确定。根据燃烧前后量热系统产生的温升，并对点火热等附加热进行校正后即可求得燃料的弹筒发热量。从弹筒发热量中扣除硝酸生成热和硫酸校正热（硫酸与二氧化硫形成的热之差）即得恒容高位发热量。恒容低位发热量是恒容高位发热量减去水（燃料中原有的水和燃料中氢燃烧生成的水）的汽化潜热后得到的发热量。

四、实验步骤

发热量的测定由两个独立的实验组成，即在规定的条件下基准量热物质的燃烧实验（热容量标定）和试样的燃烧实验。为了消除未受控制的热交换引起的系统误差，要求两种实验的条件尽量接近。

实验包括定量进行燃烧反应到定义的产物和测量整个燃烧过程引起的温度变化。实验过程分为初期、主期（反应期）和末期。对于恒温式氧弹热量计，初期和末期的作用是确定热交换特性，以便在燃烧反应期间对内筒与外筒间的热交换进行校正，初期和末期的时间应足够长。

主要实验步骤如下：

① 按使用说明书安装调节氧弹热量计。

② 在燃烧皿中称取粒度小于 0.2mm 的空气干燥试样（1.0±1）g（简称试样），称

准至 0.0002g。燃烧时易于飞溅的试样可用已知质量的擦镜纸包紧再进行测试，或先在压饼机中压饼并切成 2~4mm 的小块使用。不易燃烧完全的试样，可先在燃烧皿底铺上一个石棉垫，或用石棉绒做衬垫（先在皿底铺上一层石棉绒，然后用手压实）。石英燃烧皿不用任何衬垫，如加衬垫仍燃烧不完全，可提高充氧压力至 3.2MPa，或用已知质量和热值的擦镜纸包裹称好的试样并用手压紧，然后放入燃烧皿中。

③ 取一段已知质量的点火丝，把两端分别接在两个电极柱上，弯曲点火丝接近试样，注意与试样保持良好接触或保持微小的距离（对易飞溅和易燃的试样），并注意勿使点火丝接触燃烧皿，以免形成短路而导致点火失败，甚至烧毁燃烧皿。同时还应注意防止点火电极间以及燃烧皿与另一电极之间的短路。

当用棉线点火时，把棉线的一端固定在已连接到点火电极柱的点火丝上（最好夹紧在点火丝的螺旋中）。另一端搭接在试样上，对于易飞溅的试样，应保持微小的距离。

在氧弹中加入 10mL 蒸馏水，小心拧紧氧弹盖，注意避免燃烧皿和点火丝的位置因受震动而改变，往氧弹中缓缓充入氧气直至压力到 2.8~3.0MPa，充氧时间不得少于 15s。如果充氧压力超过 3.3MPa，应停止实验放掉氧气后，重新充氧至 3.2MPa 以下。当钢瓶中氧气压力降到 5.0MPa 以下时，充氧时间应酌量延长，压力降到 4.0MPa 以下时，应更换新的钢瓶。

④ 往内筒中加入足够的蒸馏水，使氧弹盖的顶面（不包括突出的进、出气阀门和电极）淹没在水面下 10~20mm。每次实验时的用水量均应与标定热容量时一致（相差 1g 以内）。水量最好用称量法测定。如用容量法，则要对温度变化进行补正。注意恰当调节内筒水温，使终点时内筒温度比外筒温度高 1K 左右，以使终点时内筒温度出现明显下降。外筒温度应尽量接近室温，相差不得超过 1.5K。

⑤ 把氧弹放入装好蒸馏水的内筒中，如氧弹中无气泡漏出，则表明气密性良好，即可把内筒放在外筒的绝缘架上；如有气泡出现，则表明漏气，应找出原因加以纠正并重新充氧。然后接上点火电极插头，装上搅拌器和量热温度计，并盖上外筒的盖子。量热温度计的水银球（或温度传感器）对准氧弹主体（进、出气阀门和电极除外）的中部。量热温度计和搅拌器均不得接触氧弹和内筒。靠近量热温度计露出水银柱的部位（使用玻璃水银温度计时）应另悬一支普通温度计，用以测定露出水银柱的温度。

⑥ 开动搅拌器，5min 后开始计时和读取内筒温度，并立即通电点火，随后记下外筒温度和露出水银柱温度。外筒温度至少读准到 0.05K，内筒温度借助放大镜读准到

0.001K。读取温度时，视线、放大镜中线和水银柱顶端应位于同一水平上，以避免视差对读数的影响。每次读数前都应打开振荡器振动 3~5s。

⑦ 观察内筒温度，注意点火后 20s 内不要把身体的任何部位置于氧弹热量计上方。如在 30s 内温度急剧上升，则表明点火成功。成功点火后 100s 时读取一次内筒温度，读准到 0.01K 即可。

⑧ 接近终点时开始按 1min 间隔读取内筒温度。读温前打开振荡器，读准到 0.001K，以第一个下降温度作为终点温度，实验主要阶段至此结束。

⑨ 停止搅拌，取出弹筒和氧弹，开启排气阀门，放出燃烧废气，打开氧弹，仔细观察弹筒和燃烧皿内部，如果有燃烧不完全的迹象或有炭黑存在，实验数据作废并要重做。测量未烧完的点火丝长度以便计算实际消耗量。用蒸馏水充分冲洗氧弹、出气阀门、燃烧皿和燃烧残渣，并将全部洗液收集在一个烧杯中。

五、实验数据处理和计算

1. 冷却校正（热交换校正）

在实验过程中，恒温式氧弹热量计的内筒与外筒间始终发生热交换，对此散失的热量应予校正，方法是在温升中加上一个校正值，这个校正值称为冷却校正值，计算方法如下。

首先根据点火时和终点时的内筒与外筒温差，即（T_0-T_j）和（T_n-T_j），从 v-($T-T_j$) 关系曲线（由实验指导教师给出）中得出在点火时内筒与外筒温差影响下造成的内筒降温速度 v_0 和在终点时内筒与外筒温差影响下造成的内筒降温速度 v_n，然后按式（7-4）计算冷却校正值。

$$C=(n-a)v_o+av_n \tag{7-4}$$

式中 C——冷却校正值，K；

n——由点火到终点的时间，min；

a——时间校正值，min。

当 $\Delta/\Delta_{100s}\leqslant1.2$ 时，$a=\Delta/\Delta_{100s}-0.1$；当 $\Delta/\Delta_{100s}>1.2$ 时，$a=\Delta/\Delta_{100s}$。其中，Δ 为试样燃烧期内总温升（$\Delta=T_n-T_0$），Δ_{100s} 为点火后 100s 时的温升（$\Delta_{100s}=t_{100s}-T_0$）。

2. 点火热校正

在熔断式点火法中，应由点火丝的实际消耗量（原用量减掉残余量）和点火丝的燃烧热来计算实验中点火丝放出的热量。在棉线点火法中，首先算出所用一根棉线的燃烧热（剪下一定数量适当长度的棉线，称出它们的质量，然后算出一根棉线的质量再乘以棉线的单位热值），然后确定每次消耗的电能热（即电压、电流与时间的乘积）。二者放出的总热量即为点火热。

3. 弹筒发热量和高、低位发热量

试样的弹筒发热量，计算方法见式（7-5）。

$$Q_{b,ad}=\frac{E[(T_n-T_0)+C]-q_1-q_2}{m} \tag{7-5}$$

式中　$Q_{b,ad}$——试样的弹筒发热量，J/g；

E——氧弹热量计的热容量，J/K；

q_1——点火热，J；

q_2——添加物如包纸等产生的热量，J；

m——试样质量，g；

T_0——点火时内筒水温，K；

T_n——终点时内筒水温，K。

试样的恒容高位发热量，计算方法见式（7-6）。

$$Q_{gr,ad}=Q_{b,ad}-(94.1S_{b,ad}+\alpha Q_{b,ad}) \tag{7-6}$$

式中　$Q_{gr,ad}$——试样的恒容高位发热量，J/g；

$S_{b,ad}$——燃料的含硫量,%；

α——硝酸生成热校正系数。

工业上根据燃料的收到基低位恒容发热量进行计算和设计，收到基恒容低位发热量的计算方法见式（7-7）。

$$Q_{net,v,ar}=(Q_{gr,v,ad}-206H_{ad})\times\frac{100-M_t}{100-M_{ad}}-23M_t \tag{7-7}$$

式中　$Q_{net,v,ar}$——燃料的收到基恒容低位发热量，J/g；

$Q_{gr,v,ad}$——燃料的空气干燥基恒容高位发热量，J/g；

M_t——燃料的收到基全水分,%；

M_{ad}——燃料的空气干燥基水分,%；

H_{ad}——燃料的空气干燥基氢,% 。

由弹筒发热量算出的高、低位发热量都属恒容状态，在实际工业燃烧中则是恒压状态，严格地讲，工业计算中应使用恒压低位发热量，计算方法见式（7-8）。

$$Q_{net,p,ar}=[Q_{gr,v,ad}-212H_{ad}-0.8(O_{ad}+N_{ad})]\times\frac{100-M_t}{100-M_{ad}}-24.4M_t \quad (7-8)$$

式中 $Q_{net,p,ar}$——燃料的收到基恒压低位发热量，J/g；

O_{ad}——燃料的空气干燥基氧,%；

N_{ad}——燃料的空气干燥基氮,%。

六、思考题

① 弹筒发热量和高、低位发热量有什么区别？燃料在锅炉炉膛中所释放的热量是哪一种？为什么？

② 氧弹热量计的热容量是什么？如何确定？

③ 对于燃烧时易于飞溅的试样，为减少实验误差，在发热量测定时应采取什么措施？

④ 对于恒温式氧弹热量计，如何减少周围环境温度对发热量测定结果的影响？

第八章 生物质原料热分析实验

一、实验原理

1. 差示扫描量热的基本原理

差示扫描量热（DSC）是一种精密的热分析技术，其通过将样品处于一定的温度程序（升温、降温、恒温）控制下，观察样品和参比物之间的热流差随温度或时间的变化过程。这项技术广泛应用于塑料、橡胶、纤维、涂料、黏合剂、医药、食品、生物有机体、无机材料、金属材料与复合材料等领域。

利用差示扫描量热，可以研究材料的熔融与结晶过程、结晶度、玻璃化转变、相转变、液晶转变、氧化稳定性（氧化诱导期 OIT）、反应温度与反应热焓，测定物质的比热容、纯度，研究高分子共混物的相容性、热固性树脂的固化过程，进行反应动力学研究等。

差示扫描量热的基本原理图如图 8-1 所示。在程序温度（线性升温、降温、恒温及其组合等）过程中，当样品发生热效应时，在样品端与参比端之间产生了与温差成正比的热流差，通过热电偶连续测定温差并经灵敏度校正转换为热流差。

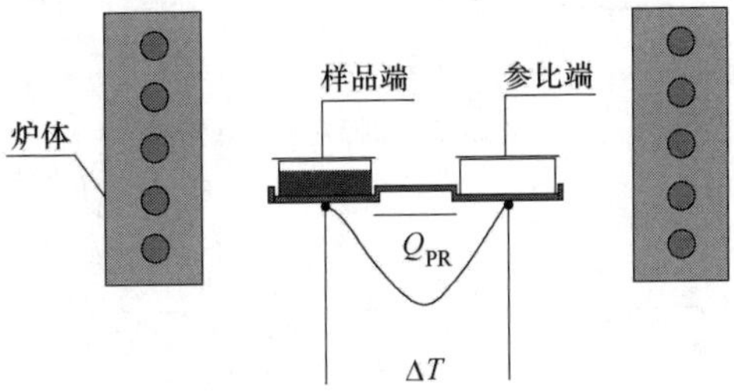

Q_{PR}—样品端和参比端的热流差；

ΔT—样品端和参比端的温差。

图 8-1 差示扫描量热的基本原理图

PET 聚酯材料的差示扫描量热曲线如图 8-2 所示。其中，向上的为样品的吸热峰（较为典型的吸热效应有熔融、解吸等），向下的为放热峰（较为典型的放热效应有结晶、氧化、固化等），比热容变化则体现为基线高度的变化，即曲线上的台阶状拐折（较为典型的比热容变化效应为二级相变，包括玻璃化转变、铁磁性转变等）。差示扫描量热曲线可在温度与时间两种坐标下进行转换。

可以通过吸热峰和放热峰分析其起始点、峰值、终止点与面积。起始点是指峰之前的基线作切线与峰左侧的拐点作切线的相交点，往往用来表征一个热效应（物理变化或化学反应）开始发生的温度（时间）。峰值是指吸、放热效应最大的温度（时间）点。终止点指峰之后的基线作切线与峰右侧的拐点作切线的相交点，与起始点相呼应，往往用来表征一个热效应（物理变化或化学反应）结束的温度（时间）。面积是对吸、放热峰取积分所得的面积，单位 J/g，用来表征单位质量的样品在一个物理或化学过程中所吸收或放出的热量。

另外，在实验软件中还可对吸热峰和放热峰的高度、宽度、面积积分曲线等参数进行标示。对于比热容变化过程，则可分析其起始点、中点、终止点、比热容变化值等参数。

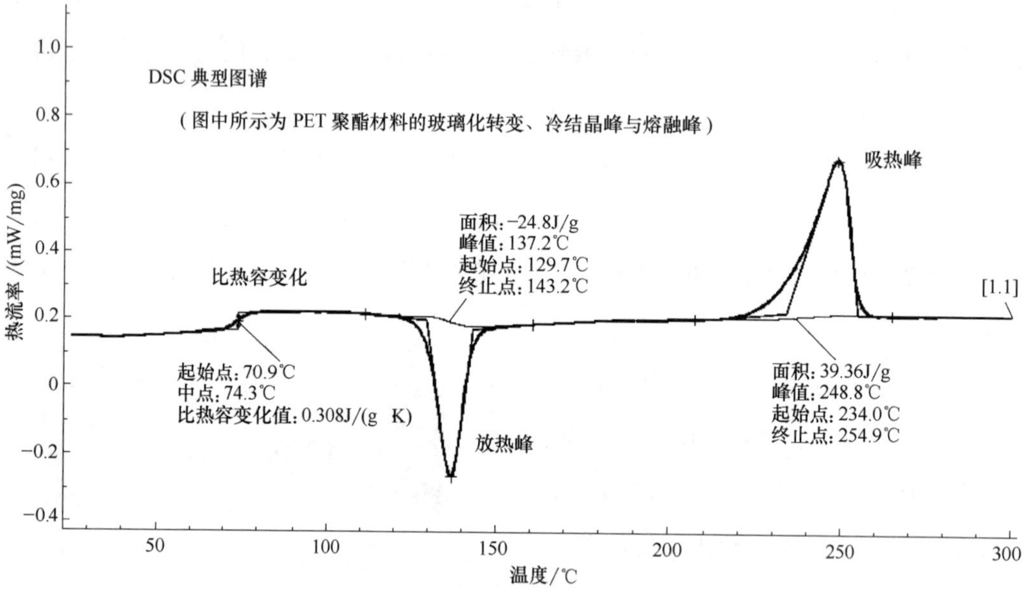

图 8-2　PET 聚酯材料的差示扫描量热曲线

2. 热重分析的基本原理

热重分析（TG 或 TGA）是使样品处于一定的温度程序（升温、降温、恒温）控制下，观察样品的质量随温度或时间变化的一种热分析技术。这项技术广泛应用于塑料、橡胶、涂料、药品、催化剂、无机材料、金属材料与复合材料等各领域的研究开发、工艺优化与质量监控领域。利用热重分析，可以测定材料在不同气氛下的热稳定性与氧化稳定性，可对分解、吸附、解吸附、氧化、还原等物化过程进行分析（包括利用热重分析的测试结果进一步进行表观反应动力学研究），定量计算物质成分，测定水分、挥发成分及各种添加剂与填充剂的含量。

热重分析的基本原理图如图 8-3 所示。炉体为加热体，在由微机控制的一定温度程序下运作，炉内可通以不同的动态气氛（如 N_2、Ar、He 等保护性气氛，O_2、空气等氧化性气氛及其他特殊气氛等），或在真空或静态气氛下进行测试。在测试进程中，样品支架下部连接的高精确度天平随时测量样品当前的质量，并将数据传送到计算机，由计算机绘制出样品质量对温度或时间的曲线（热重分析曲线）。当样品发生质量变化（其原因包括分解、氧化、还原、吸附与解吸附等）时，会在热重分析曲线上体现为失重或增重台阶，由此可以得知该失重或增重过程所发生的温度区域，并定量计算失重或增重比例。若对热重分析曲线进行一次微分计算，得到热重微分（DTG）曲线，可以进一步得到质量变化速率等更多信息。

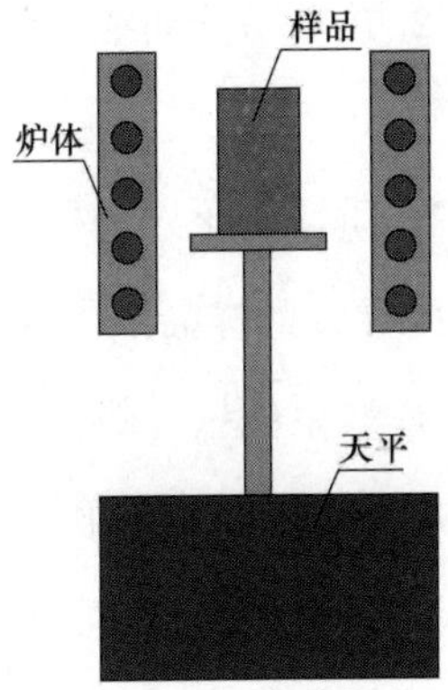

图 8-3 热重分析的基本原理图

水合草酸钙的热重分析曲线如图 8-4 所示。

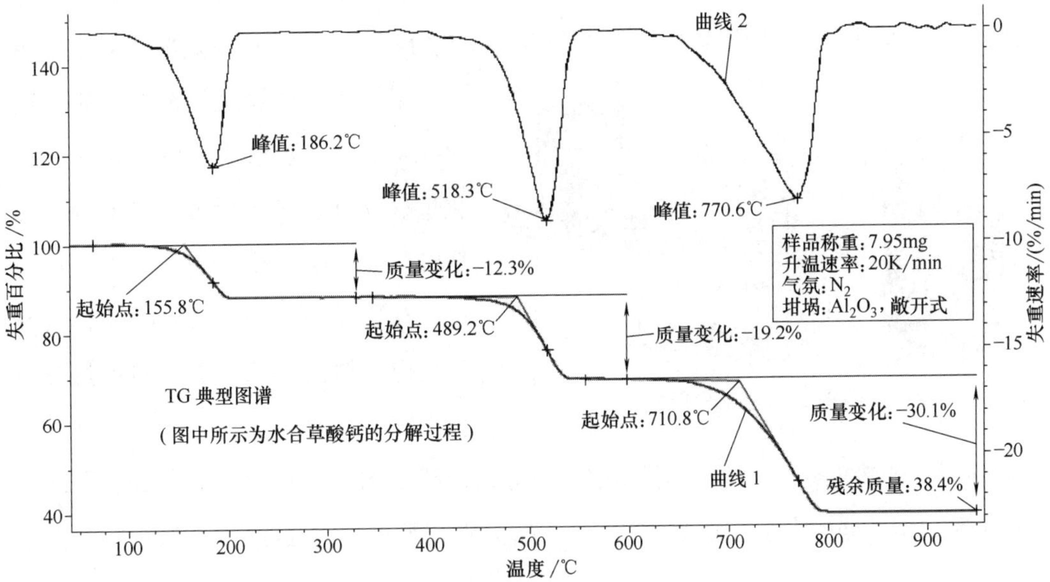

图 8-4 水合草酸钙的热重分析曲线

热重分析曲线也可在温度和时间两种坐标下转换。图 8-4 中曲线 1 为水合草酸钙的热重分析曲线，表征了水合草酸钙样品在设定程序温度下的质量随时间或温度变化的情况，其纵坐标为质量分数，表示样品在当前时间或温度下的质量与初始质量的比值。

曲线 2 为热重微分曲线，是热重分析曲线上各点对时间坐标进行一次微分所得出的曲线，表征质量变化的速率随时间或温度的变化，其峰值点表征了各失重或增重台阶的质量变化速率最快的温度或时间点。

对于一个失重或增重过程，可以对以下特征点进行分析：

① 热重分析曲线外推起始点。热重分析曲线台阶前水平处切线与曲线拐点处切线的相交点，可作为材料起始发生质量变化的参考温度点，多用于表征材料的热稳定性。

② 热重微分曲线峰值。质量变化速率最大的温度或时间点，对应于热重分析曲线的拐点。

③ 质量变化。分析热重分析曲线上任意两点的质量差，用于表示一个失重或增重过程所导致的样品质量变化。

④ 残余质量。热重分析测试结束时样品所残余的质量。

此外，通过实验软件还可对热重分析曲线的拐点、终止点等参数进行标示。

3. 同步热分析的基本原理

同步热分析（STA）将热重分析与差热分析或差示扫描量热结合为一体，在同一次测量中利用同一样品可同步得到热重与差热信息。

相比单独的热重分析和差示扫描量热，其具有如下显著优点：消除称重质量、样品均匀性、温度对应性等因素影响，热重分析与差热分析或差示扫描量热曲线对应性更佳；根据某一热效应是否对应质量变化，有助于判别该热效应所对应的物化过程（如区分熔融峰、结晶峰、相变峰与分解峰、氧化峰等）；在反应温度处知道样品的当前实际质量，有利于反应热焓的准确计算。同步热分析仪如图 8-5 所示。

图 8-5　同步热分析仪

某样品的热重分析、差示扫描量热同步分析曲线如图 8-6 所示，其中 Δm_1、Δm_2、Δm 分别表示不同的失重百分比，T_1、T_2、T_3 分别表示不同的温度（$T_1<T_2<T_3$）。差示

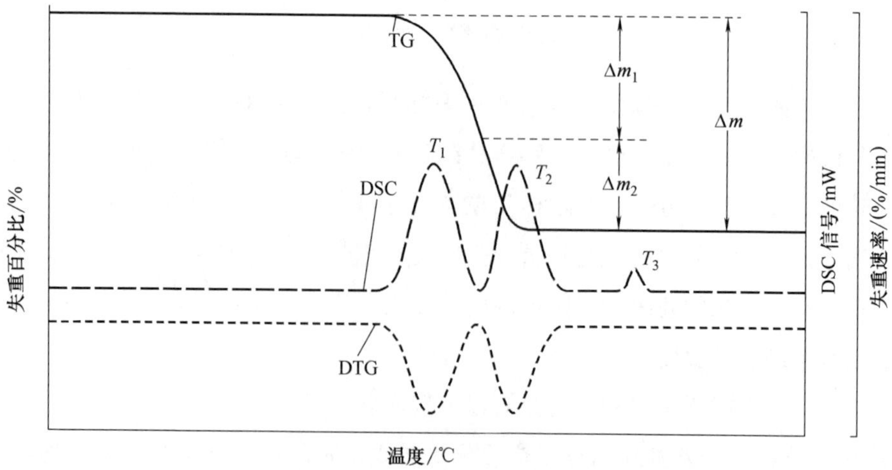

图 8-6　某样品的热重分析、差示扫描量热同步分析曲线

扫描量热曲线上共有三个吸热峰。其中温度较低的两个相邻的大吸热峰与热重微分曲线上的两个峰（或热重分析曲线上的两个失重台阶）有很好的对应关系，这是由于样品的两步分解所引起的。温度较高的小吸热峰则在热重分析与热重微分曲线上找不到任何对应关系，由样品的相变所引起。

二、实验步骤

以国内生物质原料热分析常用的同步热分析仪（德国耐驰同步热分析仪）为例，说明热分析实验的步骤。

1. 开机

打开恒温水浴、同步热分析仪主机、控制器和计算机电源。打开实验软件。一般在恒温水浴与热天平打开 2~3h 后开始进行测试。

2. 基线测试

（1）放坩埚

准备一对质量相近的干净空坩埚，将同步热分析仪的炉体升起，露出坩埚架，将参比坩埚和样品坩埚分别放到坩埚架上，坩埚是否加盖视后面的样品测试需要而定。坩埚放好后将炉体下降关闭。

（2）实验参数设置

同步热分析仪实验软件测量参数界面如图 8-7 所示，选择“修正”测量类型，输入样品名称、编号、所使用的气体种类和流速等参数。输入完成后单击“继续”进入同步热分析仪实验软件设定温度程序界面，如图 8-8 所示。

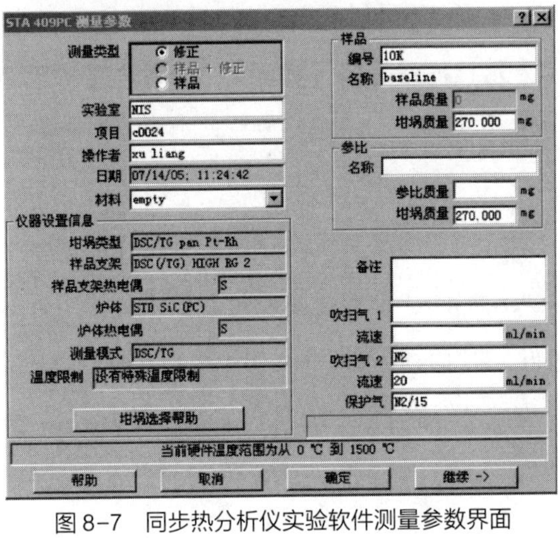

图 8-7　同步热分析仪实验软件测量参数界面

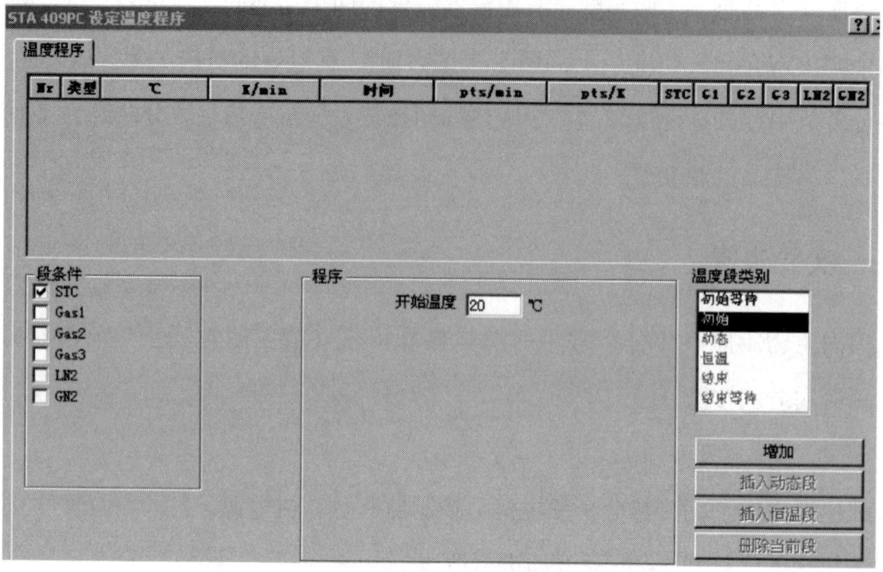

图 8-8 同步热分析仪实验软件设定温度程序界面

单击该界面右侧的“温度段类别”列表下方的“增加”按钮，逐个添加各温度段，并单击左侧的“段条件”列表为各温度段设定相对应的实验条件，如设置初始温度、终止温度、升温速率等参数。

（3）气体流量调节

初始化工作条件后，实验软件将根据实验设置，自动打开各路气体，转动气体流量计的旋钮，设定各路气体流量。常规测试时，一般保护气流量调成 10～20mL/min，吹扫气流量调成 20～30mL/min。

（4）启动热分析实验程序

单击“清零”按钮，对热天平进行清零，随后观察仪器状态。炉体温度与样品温度接近时，热重分析和差示扫描量热信号稳定，一分钟内基本无漂移，即可启动热分析程序，正式开始基线测试。

3. 样品测试

基线测试完成后，即可进行样品测试。首先，进行样品制备，将空坩埚放在天平上称重，去皮后将样品加入坩埚内，称取样品质量。称重可使用外部天平，其精确度至少达到 0. 01mg。将装有样品的坩埚放入天平支架上，关闭炉体。在图 8-7 界面选择测量类型为“样品+修正”，输入样品名称、编号与质量。重复基线测试的步骤，即可开始样品的热分析实验。

参考文献

[1] 朱彤，安青松，刘晓华，等．传热学［M］．7版．北京：中国建筑工业出版社，2020.

[2] 曾丹苓，敖越，张新铭，等．工程热力学［M］．3版．北京：高等教育出版社，2002.

[3] 龙天渝，蔡增基．流体力学［M］．3版．北京：中国建筑工业出版社，2019.

[4] 黄敏超，胡小平．热工实验教程［M］．长沙：国防科技大学出版社，2009.

[5] 宋福元．热能工程专业实验实训教程［M］．哈尔滨：哈尔滨工程大学出版社，2012.

[6] 李慧宇，邹同华．制冷与空调实验教程——制冷部分［M］．天津：天津大学出版社，2010.